个人品牌的构建、经营和变现

你的影响力

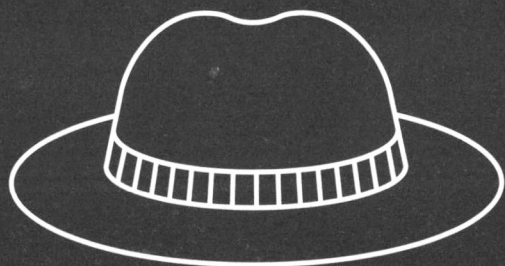

可以设计

CHARACTER

キャラがすべて!

メディアを使いこなして
自分自身を売り続ける方法

[日] 大内优 著　谷文诗 译

九州出版社
JIUZHOUPRESS

目　录

一切都取决于你是否拥有"吸睛的人设"

大家好，我是大内优（OUCHIYU）。

我创办了一家咨询公司——"媒体活用研究所"。公司的主营业务之一，就是"帮助企业或个人上电视"。

看到这里，可能有读者会联想到那些在街角寻人搭讪，问对方"你要不要上电视呀"的可疑行业，但我们确实是一家正经的公司。

举个通俗点儿的例子。这世界上有许许多多的美食节目，原本门可罗雀的一家店铺，一经节目介绍，第二天门口可能就会排起长龙。

当然，上电视毕竟只是一个契机，想要永远顾客盈门，还必须要掌握相应的宣传技巧。具体是何种技巧，本书之后会有详细介绍。

但必须要承认，现代商业社会中，"上电视"的确是走红的原因之一。

店铺是如此，商业顾问、心理专家、某领域专职讲师、研究学者等行业的从业者也是如此。

可能有一些读者对于"上电视"这件事还是无法理解。

"现在这个时代谁还看电视啊……"

"这事和我可是一点儿边儿都沾不上……"

的确，现在很多人都是在网上看视频，电视的受众与之前相比人数锐减。现在这个时代，我们不用花一分钱就可以在 SNS（社交媒体）上发布信息，如果可以收获大批网友的好评、点赞、转发，一样可以"红"起来。

如此看来，似乎只有大企业的宣传部门才会考虑选择"花大价钱才能出镜"的电视节目宣传业务、表现个人，对于一般人而言，上电视是不现实的事情。

然而事实却并非如此。

我的工作是"帮助别人上电视"，但并不是收钱制作 CM（电视广告），也不是收取宣传费用后安排客户在节目中出镜。

我的工作目标，是令客户对电视台产生吸引力，使电视台拥有"想要采访这个人""想要拍摄这家店"的想法。

那么应该如何变成一个可以令别人产生"采访冲动"的人呢？无论是网络新媒体还是传统纸媒，方法都是一样的。

令个人产生"想要拍张照片晒在 Instagram 上"或"想要在脸谱网上和大家分享"这种念头的方法，与令电视台产生采访冲动的方法，其实并无二致。一言以蔽之，问题的答案与"你和你的业务拥有怎样的人设"密切相关。

今后，"是否拥有吸睛的人设"无疑将会成为影响工作成败的一项重要因素。

无论我们是否期待，时代都在向着"人设为重"的方向发展，"没有人设的业务"将停滞不前，"没有人设的人"将会对从事自己想做的工作力不从心。

相反，"有人设的人"工作起来会更加开心，还可以不受公司的束缚，自由地赚钱。

可以毫不夸张地说，"人设就是一切"的时代已经到来。

本书将全面介绍如何利用各种媒体工具为自己树立人设的方法。立起人设后，你的人生必将更加光明。

下面，就让我们一同开启人设之旅，设计你的影响力吧。

你的影响力可以设计

キャラがすべて! メディアを使いこなして、自分自身を
売り続ける方法

第一章 为何个人发展也需考虑媒体战略?

收视率 1% 的威力

序章中已提到，当今时代，人设变得愈发重要。对于"立人设"而言，最具参考价值、最有效的媒体方式，毫无疑问当属电视。

诚然，与过去相比，现在看电视的人越来越少。

但报名参加我的学习班"如何在电视节目中出镜"的学员中，很多都是"平时基本上不看电视的人"。有趣的是，虽然他们不看电视，却认为电视媒体可以令自己的生意有一个飞跃性的发展。虽说现在不看电视的人越来越多，可是家里没有电视的人却是少数。

大家看到一档电视节目的收视率是 1% 时，也许会认为它没有什么观众。但如果这是一档在全日本播出的节目，它的总观看人数其实是 120 万。

收视率 1% 就表示有 120 万人观看……大家能想象出这是多么庞大的一个数字吗？

普通人 SNS 上的好友人数再多，恐怕也很难达到 120 万的规模吧。一部书如果能够销售 120 万本，那就应该称得上是创纪录的畅销书，过个几十年再提起来，大家都还会有印象。

所以，现在虽然 YouTube、SNS 得到了普及，但电视依然还是最有影响力的媒体。

而"树立人设，吸引电视台前来采访"，其实就是在一个以 120 万人为单位的世界中，宣传、推销自己。

如果你的人设通过电视节目为大众所了解，那么你的业务也可能会成为受众多客户追捧的对象。

当然，本书的读者未必都会想要成为电视节目中的红人，甚至有很多人可能根本没有想过要"上电视"。

但是，无论是和现实中的客户做生意，还是在网络、SNS 上做宣传，都必须要找到恰当的工作方法、宣传方法，使自己能够在这个"自己 VS 多数"的世界中取得最终的胜利。

如何才能让此前并不了解你的客户感受到"你"这个人所从事的工作的魅力，想要从你这里购买商品或服务呢？

在当前这个信息时代，如果你不能为自己建立一个有魅力的人设，很可能就会被淹没在芸芸众生之中。想要脱颖而出，最有效的方式，就是借助电视媒体的力量——虽然电视的确是旧世界的象征。

Point（关键点）：时刻牢记这是一个"自己 VS 多数"的世界。

成功人设一炮而红，失败人设一步错步步错

当然，并不是所有人出演电视节目都能一炮而红，自此事业顺风顺水，有时候上电视甚至还会起到反效果。

或许有些读者已经立刻想到一些上了电视反而伤害了自身形象的例子。

比如有些人出书的时候，文章句句锦绣、字字珠玑，可上了电视之后，却一味吹捧自己，固执己见，突然就变成了一个非常讨厌的人设。又或者是他在节目中成了一个被艺人们欺负的搞笑角色，之前写过的专业内容一下子就失去了说服力。

这种情况确实属于人设树立失败。

原则上来讲，电视是为了观众而存在的媒体。

从台词脚本、节目流程到编导指挥，全部都是为了取悦观众，根本不会去照顾出演者自身的情况。

因此，如果出演者挑选了一个不符合其自身形象的节目参与录影，就会造成负面的品牌营销效果。关于如何挑选正确的电视节目，后面的章节会有详细说明，在此不多做赘述。

除了人设树立失败之外，还有很多人虽然在节目上非常顺利

地宣传了自己或自己的业务，但事后营业额却"完全没有起色"。

很多客户找我咨询时都表示："虽然上了几十次电视，可却没带来任何变化。"那么问题究竟出在哪里呢？

这种情况并不仅仅局限于电视媒体。通过"登杂志""上报纸""网站上传视频""每天写日志"等方式自我营销时，也都会遇到相同的问题。

一言以蔽之，这都是因为"战略"不足造成的。

而本书想要传达的首要观点，就是要具备"人设战略"这种思维方式。

什么是人设战略呢？下面通过几个简单的事例稍做说明。

三浦久美子女士是我的一位客户，在我的帮助下，她录制了电视节目，借此在事业上大获成功。

她是一位"亲子关系咨询师"，自己开了一家咨询工作室。有幸在日本电视台的综艺节目"有吉研讨会"中担任过一次嘉宾，针对艺人的亲子关系给出一些专业意见。

不过那次节目并非只有她一位专家以嘉宾的身份出场，很多专家都从自己的专业领域对艺人进行了点评。专家中除了她之外，还有几张观众眼生的面孔，但并非参与录制的嘉宾全都借机一炮而红，自此顾客盈门。

那么三浦久美子为何能够脱颖而出呢？成功的秘诀不在于节

目的内容，而是她在"录制前"和"录制后"所做的工作。

Point：在利用媒体宣传前，先制定宣传战略。

重点是"潜在客户名单"

原本籍籍无名的女性亲子关系咨询师，是如何借助录制电视节目一炮而红，进而取得事业成功的呢？她在台下进行的准备工作虽然并不难，但确实需要花费颇多时间与精力。

首先，为了能够让更多的人去看自己录制的节目，她在距离正式播出还有许多天的时候就开始提醒周围的人记得关注这件事，还多次在脸谱网上直播，卖力地进行宣传。

为了让大家了解自己的人设，她精心地设计各种直播互动。直到节目即将播出之前，她依然还在脸谱网上进行直播。

录制电视节目之后的工作，才是真正的重头戏。

虽然直播的内容与形式和之前相比并没有变化，但她在自己的个人网站上添加了一个特别的页面，提供录制节目时的相关内容。看到有网友表示出对亲子关系咨询有兴趣，她就会私信对方自己编辑的亲子关系手册，里面是一些亲子关系中会出现的常见问题和解决对策。她还策划了纪念自己录制电视节目的庆祝活动，向网友赠送"免费咨询"大礼包。

一部分观众之前就对亲子问题感兴趣，节目播出前后都一直在关注她的个人网站和脸谱网。还有一部分观众通过节目对亲子问题产生了兴趣，想要了解更详细的信息，于是便会去浏览她的个人网站。如此一来，虽然节目播完了，可依然会有源源不断的新顾客通过她的个人网站找上门咨询。

我有一个学习班，主要讲解如何看待录制电视节目这件事。讲课时会再三强调："重要的并不是通过上电视'出名'，而是要借此机会'拿到名单'。"

这里的"名单"，其实就是"潜在客户名单"。

毕竟你所录制的电视节目的观众人数是以 120 万人为单位计算的，所以看过节目后对你的工作产生兴趣的人也很可能是之前的数倍。你可以向这些"产生兴趣"的潜在客户邮寄广告传单或者发送电子邮件广告。或是更轻松一些，在 SNS 上和这些潜在客户建立联系，将其吸收为粉丝，总有一天他们会变成你真正的客户。

那么问题来了，这些"对你的工作有兴趣的人"，究竟在哪里呢？又是谁呢？

即便你去拜托播出节目的电视台帮忙查找，他们也不会专门去调查这些事情。

而且电视和 SNS 不同，属于单向传播的媒体，电视台并不知道在屏幕另一端收看节目的都是哪些人。如果你想要获取观众的联系方式，就必须要自己构建一个"能够了解对方信息的机制"。

这个机制其实就是"灵活运用上镜机会的市场营销战略"。前文中的亲子关系咨询师正是熟练使用了这项战略，才得以抓住巨大的商机。

Point：录制节目这件事其实就是一次获取名单的机会。

依据人设有侧重地写简历，使人设立得更稳

对于很多人而言，能不能借电视节目走红暂且不提，单是"上电视"这件事也许都觉得自己很难做到。

但前文中提到的那位亲子关系咨询师三浦久美子却并不这么认为，她一直在为上电视录制节目做着准备。

首先，她认真思考后确定了自己的人设，依据人设有侧重地写简历，使人设立得更稳，并且更新个人网站上的全部信息，保证人设不崩。当然，在她的准备过程中，我作为咨询师也给出了一些专业意见。

三浦久美子的个人网站不仅有面向普通网友的咨询页面，还设计了一个"媒体行业人员专用"的咨询洽谈页面。

虽然设了专用的咨询页面，其实也并没有多少媒体工作者来洽谈联系。但是，节目制作方的工作人员看到她专门设置了一个面向媒体的窗口，就会认为她是一位习惯了上节目的专业人士。

接下来就是坚持不懈地向媒体工作者发送新闻稿。

媒体人一直都在四处寻找节目素材，只要你做好充分的准备，很可能就会成为他们留意的目标。

前面所说的都是建立在你所要参加的是一档会在全日本播出的电视节目这一基础之上，1% 的收视率就有 120 万人收看。如果是参加地方电视台的节目，难度则要更小，但同样也可以起到揽客的效果。

当然，一直在东京工作的人可能不怎么收看地方电视台的节目。不过如果是一个在札幌工作的美容师，即便录制了在全日本播出的电视节目，也不太可能会有顾客专门搭飞机从东京去札幌找他。

既然如此，那就去参加当地电视台的节目，先向生活在当地的客户宣传自己的业务，这样的"上电视"才能有效地提升营业额。

此方法同样适用于在大城市开店的店主。现在的电视台数量繁多，五花八门，同一个城市的不同区县都有自己的有线电视台，还有许多专门播放某一主题内容的卫星频道（BS、CS）和网络电视台。

这些电视台虽然没有做到辐射全国，但每一家都有自己固定的收视群体，他们一直都在四处搜寻符合自己频道定位的素材。如果不好好利用这些机会，岂不是太可惜了吗？

Point：提前设定好会被客户接纳的人设。

吃锦鲤的灾民

我曾经在地方电视台工作过一段时间。

大学毕业后，我进了老家福岛县的电视台。不仅负责节目制作，有时也会以记者的身份出镜报道。还获得过优秀电视节目企划奖。

工作还算顺风顺水，然而2004年隔壁新潟县发生的那场新潟中越地震却改变了我的人生轨迹。

那场地震比日本3·11大地震早了7年。可即便如此，现在提起"中越地震"，依然有很多人还记得，有一个叫作"山古志村"的小村落受灾非常严重。由于行政区划改动，市町村合并，原来的山古志村现在成了长冈市的古志地区。在中越地震发生前，我曾经以邻县记者的身份到当地进行过采访。山古志村是有名的锦鲤产地，我就是去拍锦鲤的。

地震发生后，我加入了多地电视台联动支援小组，前往受灾严重的山古志村采访拍摄。

我在灾区亲眼看见寺院内避难的群众抓了锦鲤烤着来吃。

一条锦鲤250万日元。若是能在品评会上拔得头筹，价格甚至能飙升至一条 2000 万日元。但是由于震灾导致池塘干涸，当地已经没办法继续养殖锦鲤，再加上粮食短缺，灾民们也只好把这昂贵的锦鲤烤着吃掉。

为了获得高品质的锦鲤，养殖户们都投入了大笔的资金，其中可能还包括融资。

但是因为一场自然灾害，所有的一切都化为了泡影。

面对我们这些来采访的记者，他们不断哀叹着："请帮帮我们吧。"可我能做的，也只是用镜头记录下他们的悲痛而已。灾情的严重与灾民的困顿明明一目了然，我却只能递过话筒苍白地问一句："灾后生活很辛苦吧？"

那一刻，我清晰地感受到了电视台的局限性。

我思索着："是不是应该做一些更加深刻的、可以救助众生的工作呢？"

说起来，我大学时读的其实是商科。

电视台里的聪明人多的是，任谁都能制作出轻松欢快的节目来。我是不是应该去做一些非我不可的工作呢？

当时的我想到的是去做理财顾问（FP，Financial Planner），这在当年还是个新兴职业。

我之前做过相关的节目，对理财顾问的工作内容有大致的了解。理财顾问是从财务方面提供建议，帮助顾客进行人生规划，也可以救人于困境之中。

　　于是我辞掉了电视台的工作，准备成为一名理财顾问。

Point：去做非"我"不可的工作。

做广告宣传是可以免费的

即便我是从电视台出来的所谓的"优秀人才"，也不是轻轻松松就能转行成为理财顾问的。

我顶着 27 岁的"高龄"，到应届毕业生才会去的公共职业安定所报名找工作。几经失败，终于应聘到一家东京的小型理财顾问事务所，对方不要求新员工必须具备相关工作经验。

工资和在电视台时相比，少了大概七成。

我工作后不久便掌握了要领，开始考虑将来如何自立门户。要自己开事务所，需要掌握管理方面的相关知识，于是我又跳槽到了一家外资的大型保险公司学习管理。这家保险公司是唯结果论的世界。其他员工两年才能达到的业绩，我只花了五分之一的时间，也就是 20 周便完成了，于是顺利升任经理。

成为经理后，我在人事部门的业绩评比中也是全国第一，同时参与评比的多达 850 人。我带着这些成绩，辞职自立门户，成为一名专业的理财顾问。

"人生规划、资产运用、遗产继承、事业承袭……从现在起我就是专业人士了，要开始努力工作喽！"

正当我摩拳擦掌准备大干一番时，却接到了一通改变了我今后人生的电话。

"我想解约之前买的保险……"

打来电话的是我的客户，一家小型建筑公司的社长。

中小企业的经营者打来电话要求解除保险合同，很可能是遇到了非常严重的问题。

况且那家建筑公司签的保险合同划算极了，不可能无故解约，应该是资金周转出了问题，如果事态严重，社长很可能会自行申请破产、卷款外逃，甚至自杀。

于是我慌忙驾车飞奔至社长处。我询问社长解约原因，果然是因为资金周转不灵。而之所以会陷入资金短缺的困境，主要是由于广告宣传部分耗资过多。

公司是一家建筑公司，销售的产品是独户住宅这类建筑物。每月要投入数十万日元的广告费。当然，每月只要售出一栋独户住宅，就能把广告费赚回来，可要是业绩剃了光头，当月的广告费就成了公司的大负担，所以社长才决定削减保险费用缓解资金压力。

听完社长的解释，我提议道："如果广告宣传方面不用再花钱，那您就没必要停掉保险了是不是？现在这个阶段解约实在是太可惜了，不如我们想一想有什么不用花钱的宣传方法吧。"

"广告宣传怎么可能不花钱呢？"

"上电视就不用花钱！"

"你说什么？"

想必社长定是觉得我所言荒诞至极。但对于我这个曾经在电视台工作过的人而言，这可是个极具可操作性的好点子。这家公司的经营模式是"地产地销"，即使用当地的建筑材料施工，建成的住宅再出售给当地居民。这样的企业，应该也是当地电视台的热门采访对象。

于是我立即指导社长写了一篇宣传公司的新闻稿。社长将新闻稿发给当地电视台后，电视台很快就在节目中介绍了这家出售"地产地销住宅"的公司。

节目播出后，效果立竿见影，轻轻松松便售出了两栋独户住宅。

社长向我连连道谢："大内先生，您可真是帮了我一个大忙。今后还能请您帮我想办法上电视吗？"

"可我毕竟是理财顾问……"

"现在这年头，理财顾问到处都是，您既然对电视台特别了解，不如利用优势转作咨询师，专门做电视宣传这一块。"

我觉得社长说得很有道理。

教授客户如何利用电视台进行宣传，正是我的特长所在。而且如何树立一个讨电视台喜欢的人设是一门技术，这门技术在网络时代依然能发挥十分重要的作用。

上面的故事发生在四年前。

正是由于这个契机，我现在才可以独立经营自己的事业、出书和大家交流人设的艺术。

这世上，有很多经营管理咨询师、PR（公共关系）宣传咨询师，他们各自都有自己擅长的领域。但是，似乎没有一位咨询师能够提供一站式咨询服务，解决"如何制作电视节目、如何登上电视节目、如何利用上节目的契机使自己的事业登上一个新台阶"这一连串问题。

因此，"能够一站式解决销售、揽客、宣传问题"这一标签，就成了我最强有力的武器。

感谢一直以来累积起来的经验与知识，是它们让我得以开展自己的事业。

Point：有时他人可以帮助我们找到自己的优势所在。

"人人有人设"时代已经到来

对于上电视这件事，很多人都抱着非常消极的态度——"我这种人上了节目也没什么用""我身上又没有什么吸引人的卖点"……

我们暂时不去讨论电视宣传这种手段是否有效，透过现象观察本质，会发现"表现力"这种能力在当代社会变得越来越重要。

树立人设不仅仅只是与企业经营者、零售店店主、自由职业者相关的问题。

普通的公司职员也可以收到人设的红利。如果他能够在脸谱网或 Line[1] 上树立一个讨喜的人设，利用人设和许多浏览过他主页的人建立人脉，那么他无论做什么工作，都可以从中受益。现在这个时代，即便是一流大企业也都无法保证自己绝对不会翻船，再加上终身雇佣制瓦解，企业会根据经营状况裁员，所以换工作这件事越来越稀松平常。

职场上的工作方式也发生了变革，一些有赚钱能力的人除了

---

[1]　Line 是韩国互联网集团 NHN 的日本子公司 NHN Japan 推出的一款即时通信软件，是日本最常用的聊天软件。——译者注

本职工作外还开展了副业，在更大的舞台展现出更多的才华。

在这样的社会背景下，相较于只顶着公司内的头衔工作的人，那些拥有人设且人设为周围人所熟知的人做起任何工作都会更有优势。

电视媒体与网络的世界不同，迄今为止，一直都是专业的艺人霸占着电视荧屏。

然而时代正在慢慢发生改变。

例如，我不是专业的演艺人员，却在京都的 KBS 京都电视台和滋贺的琵琶湖放送电视台的两档节目中担任常驻嘉宾。

我在 KBS 京都台的节目中担任评论员，以媒体专家的身份对地方创生政策提供意见与建议。在琵琶湖放送台的节目中，我则自己拿起摄像机，去拍摄采访以新视角开展业务的企业经营者和其他一些有趣的人。

虽然录制电视节目的大多数人都不是我这种非专业艺人，但无可否认的是，电视台正在逐渐将焦点放在拥有人设的个人身上。

大家可能会认为，只有像 NHK 纪录片《行家本色》中那些在本行业登峰造极的成功人士才拥有值得电视台聚焦的人设。

其实不然，电视台关注的并不总是那些大师级特别的人。

只要你拥有一直在执着追求的事物，或是拥有令人羡慕的特征、特技，甚至只是单纯的有一些特别的想法，都可以成为电视台关注的对象。

重要的是，你要如何包装、宣传自己。

任何人盘点自己的人生经历，都可以从中找到值得宣传的人设，以我为例，我的人设就是利用曾经在电视台的工作经验开展咨询工作的咨询师。

有些人虽然"不喜欢暴露在镜头前"，但是会利用动画的方式建立一个匿名人设来宣传自己。如果这个匿名人设在网上引起广泛讨论，也有可能吸引大电视台前来采访。

无论你身在大都市还是小城镇，都可以树立人设，而且不需要资金投入，可以马上开始。

方法也很简单，只要展现出自己希望被别人看到的样子即可。

在我看来，"不树立人设"是一种浪费，是机会损失。

Point：盘点人生经历，找到自己的人设。

"红帽子大叔"诞生记

　　既然树立人设如此重要，那么应该如何操作呢？下面以我自己为例，详细介绍树立人设的方法步骤。

　　只要在交流会等场合见过我的人，基本上都对我有些印象。

　　大家之所以记得我，并不是因为我有什么独门的交流技巧，也不是因为我能散发出什么特别的气息，只是单纯地因为"我的打扮很有记忆点"。

　　参加交流会时，我总是戴着一顶红色的帽子，搭配一条红领带。我不仅演讲时这样穿，平时在事务所工作时也是这样的打扮。

　　附近都知道有我这么一个"戴红帽子的人"，如果假日时碰到我没有穿"工作服"，他们还会略显失望地问一句："咦？今天怎么没有戴帽子呀？"

　　我当年在电视台工作时，并没有这种"戴红帽子"的形象。

　　实际上，我在福岛做记者的时候，非常不起眼。

　　唯一一次例外，是一位中学同学打电话来感叹："老同学你上电视啦！"后来这位同学就成了我的太太。因为我只有这种程度的认知度，之后转到东京工作时也没有特意树立什么人设。

但是现在我有人设了，在别人眼中，我就是那个"总是谈论如何利用媒体、如何树立人设的红帽子"。而树立这个人设的契机，是我遭遇的一次几乎令我想要放弃人生的惨祸。 那是 2017 年的 3 月，由于邻居发生火灾，我的事务所受到牵连，全部付之一炬。

我当时正在进行一场活动的彩排。

员工打电话来告诉我："咱们的事务所着火了。"

事务所没有买火灾保险，房地产开发商和邻居也都跑得没了踪影。我陷入绝境，认真思考起要不要就此放弃人生。就在彷徨踌躇时，演出的日子悄悄来到了。

我瞬间下定决心要好好活下去，看到旁边正好有一顶红帽子，便戴上了它。

你若问为什么选择了那顶帽子，我只能说没有什么理由。帽子应该是我自己买的，但是平时并没有戴过，否则就是实打实的怪人了。

我当时只希望自己能够获得新生，于是才会戴上了那顶从来没有戴上过的帽子。

那天的活动演出非常顺利，于是，之后的每一次公开活动，我都会戴着一顶红帽子。之后我又买了几顶帽子，有冬天戴的也有夏天戴的，外观几乎相同，一共五顶，轮换着戴（刚开始写这本书时只有四顶，之后在京都偶然看到一顶，一时冲动买了下来，现在就有五顶了）。

当我顶着日常生活中很难看到的、电视节目里才会出现的打扮谈论"如何树立人设""如何利用媒体"这些话题时，我的这个形象就"很容易被人记住"。

我的人设就这样逐渐固定下来。虽然有时候也会被观众错认为是搞笑艺人，但这也证明我的人设的确立起来了。

即便一无所有，也能创建人设。唯一需要的只是大胆表现出人设的决心。

Point：树立人设竟是如此简单，人人皆可做到。

创建"自媒体"

前一节提到要有表现出人设的决心，这个"表现"方式不一定必须像我一样在穿着打扮上做文章。

这个世界上，既有人用自拍展现最真实的自己，也有人和家人一起出镜打造"父亲人设""母亲人设"；既有人利用SNOW、Line Camera这一类美颜软件中的贴纸功能帮助自己树立人设，也有人利用家中的宠物猫、毛绒玩具代替自己出镜，借用它们的形象展现出自己的性格特点。

只要能令他人对你的人设产生好感，并且接受它，你可以以任何方式展现自己的人设。重要的是，只有我们将注意力放在了"自己创建一个人设"这件事情上，才能够真正做到以自我为主体发布信息。

脸谱网、Line、推特、YouTube……不知何时起，这个世界上出现了各种各样的社交媒体。

虽然人人都可以利用这些网站上传消息，但绝大多数人都被埋没在他人发布的信息中，并没有把自己宣传出去。发一条状态感叹今天的午餐"真好吃"，或是刚刚看到的小猫小狗"真可爱"。

在社交媒体上发这样的内容，虽说没有什么错处，但也只是一种自我满足罢了，并不能对你的工作起到什么帮助。你依然只是被动地受社交媒体操控，和当年单方面接受电视中信息的自己没什么差别。

社交媒体归根结底也是"媒体"。

"媒"是触媒的"媒"，表示"借助某种物质传播"。如果不能传播信息，就不能称之为"媒体"。如此看来，创立人设这件事，其实就相当于创立自己的媒体。

首先创立人设，待周围的人通过人设了解到你是怎样的人之后，再使用SNS发布信息，那么所有的投稿都将成为提升你自身价值的"商标"。

之后便是借助参加电视节目、接受杂志或报纸采访，或是出书等方式令你的事业更上一层楼。

现在的SNS不仅可以发布文字信息，还可以上传视频动画。人人都可以利用这些网络工具创建自己的媒体。

我们为何不趁时代之利，以自媒体为起点，逐步发展至借助传统媒体的力量，从事自己喜欢的工作，尽情享受人生乐趣呢？

具体操作方法请看下一章节。

Point：只有确立了人设，才能熟练运用各种媒体。

你的影响力可以设计

キャラがすべて！ メディアを使いこなして、自分自身を
売り続ける方法

第二章 树立人设的技术

拼人设和拼头衔

本章起开始探讨"如何为自己树立人设"这一问题。

想要掌握树立人设的具体方法，首先要了解"人设是什么"。电视节目里出现的形形色色的人能够为大家提供一些参考。

普通上班族与以出演电视节目为主业的艺人相比，最大的不同在于，一个是顶着头衔工作，一个则顶着人设演出。当然，如果普通上班族能拥有一个为众人所知的人设，也会得到特别的工作或较好的待遇。不过，通常来讲，如果一个人的头衔是"设计师"，便不会有人向他咨询有关公司经营管理方面的问题。

如果某个活动现场有一位"部长"和一位"股长"，主办方一定会选择部长上台致辞。

这世界上的大多数人，都是通过头衔表示"我是这样的人"，并以此头衔为标准筛选自己的工作。

艺人们则并非如此，在电视节目中，"搞笑艺人""演员"这样的头衔基本没有任何实际意义。综艺节目也好，电视剧也好，制作方都是根据艺人本人的人设确定参演人选——"他适合某部新电视剧中的某个角色"，或是"这个人非常可靠，不如让他来做新闻节目的评论员"。

提到艺人的人设，很多人会认为艺人原本就是很有个性的人，与普通人不一样。我在电视圈工作了很长一段时间，对于艺人的人设非常了解。即便是出演综艺节目的搞笑艺人，很多时候表演出的人设也与真实的自己迥然不同。

比如常常有一些有名的搞笑艺人，节目上能言善道，段子频出，可一旦出了镜头，就变得沉默寡言，不离开自己的休息室一步。虽然本人并不是那么的活泼外向，但在节目中，他们还是要拼尽全力地扮演自己创作出来的人设。

Point：你的头衔是什么？

树立人设的关键：专注于只有你才能做到的事情

艺人通过电视这一媒体表演自己创立的人设。

第一章中提到，我们正处于一个人人都可以创建自媒体的时代，即便是从事着平凡工作的普通人，也必须要开始思考"如何表演自己的人设"。

当然，在每天工作的公司内长期扮演"另一个人"并不现实，况且事到如今才开始扮演也太迟了，只会令周围的人感到困惑罢了。

但你可以在网络世界另外开创一片天地。

第一章中提到，"脸谱网、推特这类的 SNS 都是媒体"。你在这些媒体上，不断地发一些"看！今天午餐吃这个！""今天的天空真漂亮"之类的状态，虽然也可以获得别人的点赞，但这些"赞"并不是为我们的人设而点的。

如果你喜欢美食，可以聚焦某个具体的美食主题，例如"民族特色菜"，持续上传一些符合该主题的餐厅的新闻报道，或是一些鲜为人知的美食信息。

长此以往，你便可以树立起一个人设，当某家杂志想要做一期民族美食特辑或者某家电视台打算做一期民族风相关节目的时候，说不准就会邀请你做一番点评。

　　如果你是一个30多岁的单身男性，喜欢美食，自己也会下厨，就可以在SNS上持续上传"年轻白领的快手菜谱"之类的内容。

　　如此一来，你不仅可以获得来自媒体的采访机会，还有可能收获"我司想帮您开一间美食教室"，或是"我司希望能将您在网上发表的文章结集出版"等商务邀约。

　　我们这些普通人很多时候并不会像艺人一样被制作组安排在节目中承担某种角色，也无须考虑收视率是高是低，所以无须把树立人设想得那么难以实现。

　　树立人设，首先要展示出"自己喜欢的事"是什么。

　　如果你喜欢游戏，那就展示游戏。如果喜欢美食，就把眼光聚焦在美食上。如果擅长睡觉，也可以展示你对睡眠的追求。

　　但如果想要别人了解并记住你的人设，那就必须专注于"只有你才能做到的事情"，成为相关领域中的顶尖高手。

　　如果你是一个喜欢在业余时间玩儿游戏的公司职员，可以在SNS上长期介绍一些"对完成公司业务有帮助的游戏"。如果你是一个喜欢美食的主妇，可以考虑介绍"令孩子变身小天才的食谱"。

如果你喜欢睡觉，可以发文探讨如何追求"极致健康的睡眠"。

　　SNS 上发布的内容要"聚焦"在某一主题上，长此以往，人设就立起来了。

Point：找到自己喜欢的事物，专注一点，深入挖掘。

二三十年的人生中总能找到人设素材！

有些人会将"专注只有自己才能办到的事情"过分解读，开始思考起"我究竟能够做些什么"这个问题来。这里所说的"自己才能办到的事情"，并不是指"我比所有人都擅长的事情"，也不是"世界上还没人尝试过的事情"，不需要多么与众不同、令人惊叹。

一个人活到二三十岁，积累的知识与阅历已经足够支撑他树立一个人设——崇拜的人或物、想要成为的人或物、学习经历、其他人眼中的自己……

如果能从这二三十年的人生阅历中挑选出最令你心动不已、充满干劲儿的一项，必将会对你的人设起到很大的帮助。我认识一位很有名的咨询师，叫作大谷更生。他长期以来都在下大力气宣传自己怕老婆的人设。

他甚至还成立了一个"全日本妻管严公会"，定期发行宣传册和电子书。他与妻子相伴多年，深切认识到自己"就是对老婆硬气不起来"，还把这些体会变成了帮助自己立人设的素材。

接下来就是输出的问题了，无论你找到多少素材，都可以和我们的工作联系起来。

人设和电视里的角色一样，也是"表演"出来的，不需要100%都是自己的真实情况。

打个比方，假设有一个女孩儿，非常向往名媛生活，希望可以在湘南一带的海边有一栋自己的房子，可实际上她现在只是一个普通的上班族，在繁杂拥挤的城市中租了一间小开间，每天为了生活忙碌奔波。

即便她的现实生活与名媛毫不沾边，她还是可以在 SNS 上上传"我所向往的名媛生活"。

上传的内容都是精挑细选过的，处处透着时尚与精致——假日逛一逛江之岛或茅崎，再写几行文字介绍几家当地的咖啡厅。只要这个人设立起来了，之后网友再想到"名媛生活"相关的内容，就会去翻看她的 SNS，因为网友对她已经有了固定的认知——"向往名媛生活的人可以去看一看她的主页""她上传的内容简直是为我打开了新世界的大门"。

再然后便是办演讲、登杂志、上电视，获得更多更广的工作机会。如此一来，她或许真的能够摆脱普通 OL（办公室女性）的身份，在湘南展开憧憬已久的名媛生活。

然而实际上，很多人并没有办法彻底完成这场"华丽转变"，甚至还会对这种行为持否定态度，认为会惹来他人非议。

对于立人设这件事而言，最先要解决的难题，就是如何跨过心里这道坎儿。

Point：干脆爽快地演下去。

制作"自我说明书"

　　你是否已经明确了自己想要树立怎样的人设？如果已经明确，那有没有在自己的 SNS 上清清楚楚地表示出来？

　　只有周围的人都了解并认可了你塑造的人设，这人设才算是真正立了起来。有些人在 SNS 或个人网站上拼命地宣传自己的特点，但是点进个人简介的页面一看，却丝毫找不到有关从事行业或资格证书之类的内容。

　　这就会导致网友看到 SNS 后，只会对它的主人产生一些非常表层的认识——"这个人非常有趣""他是个快乐的咨询师""这个保险推销员人还不错"等，根本无法感受到这个人的工作能力如何。

　　既然如此，不如就剑走偏锋，树立一个特别的人设。

　　许多人或是因畏惧来自他人的批评，或是因自身羞于表达，在宣扬自己的人设这件事上，常常会犹犹豫豫、裹足不前。如果你也有这样的顾虑，可以在自己的 SNS 或个人网站上明确表明自己取得了哪些资格证书，来证明你的工作能力。

　　然而社会上充斥着各种各样的资格证书，如果你的证书不够特别、不够优秀，那就很难在众人中脱颖而出。

此外，人设还可以帮助你增加"可靠性"，提高网友对你的"好感度"。但是"可靠性"和"好感度"在传播中会受到表达方的感受力以及接收方的想象力的影响，存在感会越来越淡，就像我们平时玩儿的传话游戏一样，越是传到后面，话中的信息就剩得越少。

如果你希望有更多的人能够认可你的工作能力，想要把工作委托给你处理，那你就必须制作一份清楚明确的"人设说明书"，要让第三者能够感受到"这件事可以托付给这个人"。

这份"人设说明书"，可以是你的头衔，也可以是你的个人简介。例如我的头衔是"媒体活用研究所负责人"。我在脸谱网的个人简介中写道："想要参演电视节目、想要利用电视媒体刺激营业额激增，就请关注我的主页！'电视节目不是用来看的，而是用来参与的！'如果你有这方面的困扰，就来找我咨询吧。"

网友看到这一番话就会明白："那个戴着红帽子的大内先生，可以帮助别人上电视。"

这个方法适用于所有的商业行为，例如一家拉面店想要在点评网站上聚集人气，获得高分好评，一开始就需要制作了一个"易于传播、扩散的文案模板"，如"独家秘制超辣拉面，美味大补，令人精力充沛"等。

看完本节的内容，你打算如何用文字说明自己的人设呢？

Point：用文字表述你希望听到的"他人口中的自己"。

你可以为"谁"解决"什么"问题?

我在学习班上也会和大家分享如何去写自己的个人简介或职场头衔。第一步就是要求大家表明自己是"可以为哪些人解决何种问题的专业人士"。

例如,人寿保险的销售人员就可以介绍自己是"可以利用保险,为担忧自己将来因养老金不足或患病等原因导致生活困难的人士,解决此类不安的专业人士"。我可以介绍自己是"建议企业经营者应该如何利用媒体解决销售、揽客问题的专业人士"。

我从之前各个学习班上学生们分享的自己是何种专业人士的介绍中挑选了几例,制作成下面的表格。

专业人士介绍一览

画家	只用 2 秒钟就可以画出一幅令你感动的画。
幼儿教育教师	幼儿教育专业人士,25 年间令 20000 名妈妈转哭为笑。
针灸按摩诊所医师	帮您甩掉产后腰腹的赘肉!恢复身材,重穿昔日比基尼!
减肥学校教师	90 天减掉 5 公斤!帮助您在婚礼时成功穿上小一号的婚纱。

停车场经营者	不擅长纵向停车的司机也可以安心停车！新手妈妈也可以轻松将车停入车位。
职业介绍所从业者	为您寻找居住场所附近的工作职位！休息时间可以直接返家，无车一族也可安心工作！
英语会话学校	即便中学时代英语成绩全校垫底也可安心入学，利用 6 个月的时间帮助您 TOEIC[①]过 800 分，实现留学梦想。
理财顾问	教您如何理财——每月拿出 1 万日元，10 年后坐拥 1000 万日元资产。
人际沟通课讲师	帮助腼腆的您蜕变为聊天高手！
创业支援中心教师	利用自由时间在家创业，足不出户也能每月赚够 50 万日元！

表格中列举的介绍词都非常通俗易懂。其中包含的信息也都很简洁。但就是这短短一两句话，却清晰地表达出了这个人对自身工作的认识与工作目标，体现了自己不同于其他同行业从业者的独特性。

我在电视台工作时，每周要收到约两百篇外界寄来的新闻稿。四年的时间差不多看了有四万篇。

如此多的稿件，必然不可能一篇篇详细阅读。

---

① TOEIC（Test of English for International Communication），即托业，中文译为国际交流英语考试，是针对在国际工作环境中使用英语交流的人们而指定的英语能力测评考试，由美国教育考试服务中心设计。——译者注

我会首先快速浏览稿件的个人简介部分，看一看他是什么人，做什么工作。如果这部分内容没有引起我的兴趣，就直接扔到垃圾箱。在这一步可以筛选掉七成稿件。

因此，个人简介必须要能够在一瞬间传达出你的卖点或特征。而"我是为谁解决何种问题的专业人士"这个句型，恰恰可以在瞬间告知读者你的"卖点"是什么。

那么，你是可以为谁解决何种问题的专业人士呢？"解决20岁至69岁男性的困扰……"这种表述过于笼统，毫无吸引力。对象人群必须要清楚明确，20多岁就是20多岁，60多岁就是60多岁。回忆迄今为止接触过的对象的特征，找到与自己的工作内容最符合的目标群体。

有些读者可能会产生疑惑：缩小目标群体不是反而会减少客流量吗？

答案是否定的。

例如，关西地区有个人称自己是"面包店税务师"。

专门处理面包店税务问题的税务师……这个头衔非常精准地限定了自己的客户群体，令人见之难忘，效果极佳。但实际上，他的客户并不只局限于面包店。

"能处理面包店的税务问题，应该也可以处理餐饮店的税务问题""我的店虽然和面包店完全不沾边儿，不过他应该也能处理"……很多人看到他的头衔后会抱着这种想法登门。"强调自身在某一领域的专业性"这一行为反而成了他能够获取更广泛客源的制胜关键。

如果我们站在客户的立场思考，就很容易理解其中的道理。一个人宣称自己"可以受理任何人的税务委托"，另一个人则声明自己是"处理面包店税务问题的 Number One（第一名）"。

这两个人究竟谁更优秀？依据二人对自己的描述来判断，显然是后者。

同样，有一位心理咨询师称自己"专门解决 28 岁女性的心理问题"，另一位心理咨询师则称自己"可以解决女性的各类心理问题"。假设有一位 30 多岁的女性想要寻找心理咨询师倾诉烦恼，看到这两位咨询师的自我介绍，应该会认为前者更能了解自己的心理。

因此，你在介绍自己的工作时，如果可以细化到"我是可以为谁解决何种问题的专业人士"这种程度，则更能够体现自身专业、可靠的形象。

细化自身工作内容能够帮助你吸引更广泛的客源。

Point：细化客户群体有利于业务发展。

起承转合四步法完成自我介绍

表明自己是"可以为谁解决何种问题的专业人士"之后，下一步就是进行自我介绍。

在进行自我介绍时，要使用写故事时常常会用到的起承转合四步法。"我是可以为谁解决何种问题的专业人士"就是推动故事展开的"起"。

1."起"

我是为某类人群解决某种问题的专业人士。

2."承"

之所以这样说，是因为迄今为止我有过怎样怎样的经验（解释自己是如何成为"起"中所述的专业人士的）。

3."转"

虽然客户、伙伴会高兴地对我说"……（顾客的原话）"，但我知道……（不足之处）。

以上就是起承转合四步法自我介绍模板。

下面以我自己为例，用模板写一篇自我介绍。

① "起"

"电视节目不是用来看的，而是用来参与的！"

大家好，我是大家熟悉的红帽子大叔，媒体活用研究所的大内优。我将从专业角度指导大家如何利用电视媒体宣传自己，彻底解决揽客能力不足、营业额难以提升等问题。

② "承"

迄今为止，我看过的采访企划书（新闻稿）超过 4 万篇。因此，只需 3 秒钟，就可以判断出您的企划能否被电视台选中，您录制电视节目之后能否一炮而红。

③ "转"

从业至今，我收到了许多客户的感谢——"我的人生已经走到了悬崖边缘，参演电视节目之后，局势瞬间逆转！"但这世上99%的人依然不知道如何利用电视媒体取得商业上的成功。

④ "合"

所以在此拜托大家，如果您看到一位想要赚钱的35岁女社长，请悄悄地将我的宣传单递给她，然后告诉她："社长，您这么漂亮，不如去参加电视节目吧。"

我是大内优，我认为："电视节目不是用来看的，而是用来参与的！"

如果有机会口头进行自我介绍，起承转合四部分各分配15秒，总计1分钟，时间长度刚刚好。由于最后一句是拜托大家向其他人介绍自己，因此这段自我介绍虽然时间不长，但是却可以给听众留下深刻的印象。

"大内优能够帮助生意上有困难的35岁女社长参演电视节目，获得成功。"——如果这个评价流传开来，那我的人设一下子就可以被人记住了。

此外，这篇自我介绍中还有许多增加文章说服力的要素。

② "承"

超过 4 万篇的采访企划书→利用数字呈现具体结果

③ "转"

我收到了许多客户的感谢——"我的人生已经走到了悬崖边缘，参演电视节目之后，局势瞬间逆转！"→添加客户曾经对你说过的话

④ "合"

35 岁女社长→果断限定"目标客户"

请悄悄地将我的宣传单递给她→单刀直入地表达"自己希望听众做些什么"

我一定会随身带着介绍自己的宣传单，做完自我介绍之后，会将宣传单递给对我的工作感兴趣的听众。

当然，我并不知道接到传单的听众中有多少人会将它交给 35 岁的女社长。但如果他们认为身边的某个人可以参加电视节目，那就很有可能将我介绍给他。想要通过自我介绍突出自己的人设，就必须做到这种程度，否则便没有效果。

Point："15 秒×4 项"法完成自我介绍。

15秒、60字定胜负

提到个人简介，大家一般都认为它会出现在个人网站和SNS的首页。

或者出现在书封面勒口部分，介绍作者的经历。

但是它最基本的使用场景，却是"口头自我介绍"。

当有人要求你描述自己是怎样的人时，就可以当场说一段自我介绍。可如果在介绍时不明确点出自己的人设是什么，别人又怎么能听懂呢？而且"长篇的自我介绍"也会令听众抓不中重点。

这也是为什么在前一节的"起承转合"四步法中，我指出要将自我介绍的时间控制在1分钟（15秒×4项）。

如果自我介绍的时间超过1分钟，听众会感到厌倦；如果时间过短，又无法令人留下印象。

其实电视节目在制作时也遵循着"15秒"规则。

以新闻节目为例，播报一条普通的新闻时，首先出现的是主持人的画面，之后才是新闻内容的VTR（录像）。这时候给主持人的镜头，大约就是15秒。

播放20秒、30秒的单人镜头会令观众感到厌倦，从而换台，因此电视节目需要避免此类现象的发生。

相反，如果不播放主持人的镜头，又会影响节目的整体平衡，给人一种上一条新闻没播完就开始下一条新闻的感觉，所以需要在新闻和新闻之间插入 15 秒的主持人点评。大家在收看电视节目时，也可以仔细观察一下时间问题。顺便一提，电视广告也基本上都是 15 秒钟。也就是说，如果你说话的时间是 15 秒，即便对方不感兴趣，也会去听你说了什么。

如果要使对方产生"想听他多聊几句"的想法，就必须要在 15 秒的时间内引起他的兴趣。

前文中提到，自我介绍的"起"要明确表示出"我是为哪些人解决哪些问题的专业人士"，就是为了能够向听众传达出自己的特点。

"起承转合"中"起"的 15 秒结束后，就开始进入"承"的 15 秒。如果听众能够耐心听完"承"，便会再继续听 15 秒的"转"。最后进入"合"的部分，就能够打动听众的心。

这 15 秒的口头表述转换成文字差不多是 60 字。

写在稿纸上大约 3 行。

文字表述和口头表述一样，也有可以决定胜负的黄金长度。口头表述是 15 秒，文字表述则是 60 字。我当年在电视台工作时看了大量的新闻稿，一篇稿件拿到手，会先看 60 个字的概要部分，如果这 60 个字没能引起我的兴趣，基本上就会直接判定为不予采用。不只是我，几乎所有挑选新闻稿件的工作人员都是按照这个标准工作的。书籍、杂志的主编应该也是如此。

因此，所有的个人简介都必须要控制在 60 字左右，在这 60 字内体现出抓人的亮点。长篇大论没人会看，并不能帮你加分。

但是要用短短 60 个字描述自己的生平也着实不易。

这时候就要用到上一节提到的"起承转合"四步法，每个步骤 60 字，一步步引起读者的兴趣。

Point：20 秒的单人镜头会令观众感到厌倦。

尖锐、尖锐、再尖锐

"起承转合"各个部分都是 15 秒、60 字的短文，因此表达的内容一定要是"明确"的信息。换言之就是，不能用笼统、模糊的内容介绍自己。

称自己是专门处理面包店业务的税务师，即是表明"我处理面包店的税务问题绝对没问题"。

称自己是专门处理 28 岁女性心理问题的心理咨询师，即是表明"如果你是 28 岁的女性，可以放心来找我咨询"。

重点在于，要勇敢说出自己是"某某方面的专业人士"，这个"某某方面"一定要言辞尖锐，引人注意。

我知道，很多人不愿意将话讲得太过明确，担心会起到反效果。这种担心不无道理。

如果一位心理咨询师自称"专业处理 28 岁女性的心理问题"，可能就会有 30 岁的女性抱怨"这是偏见""是歧视"。

之前的客户也可能会产生误解，认为自己并非这位心理咨询师的目标客户，从而心生不快。

为了防止误解产生，需要提前联系老客户解释清楚："网站上打出这样的标语只是一种宣传手段，我的工作内容还是和之前一样，不会发生任何变化。"

但是对于来自其他人的批评指责，只能忍下来，不可能一一解释清楚。

我们看到用夸张变形的笔法画成的漫画肖像，有时会忍不住吐槽漫画与自己的真实情况不符——"眼睛画得太大了吧""胸好大""我才没有这么可爱"……

可是看到忠实呈现原物的插画，又会感觉没能体现出个性，毫无趣味可言。电视圈也是如此，一个人做事稳当，不出差错，就意味着邀他出演节目没有什么意义。因此节目组更喜欢说话极端的人。

在当前这个信息爆炸的时代，想要获得他人的瞩目，说一些尖锐的言辞无可避免。

但我们必须意识到，言辞尖锐是针对自己的专业性，而绝不是去否定、排除其他人。

这一点与靠搏出位招黑集聚人气的"找骂式"营销明显不同。

如果一位心理咨询师先是自称"专业处理 28 岁女性的心理问题"，随后又发表言论称自己专注"28 岁的女性顾客"是因为"超过 28 岁的女性没有魅力""超过了 28 岁便无药可救"，这样自然会招致众人的批判。

最终，"28岁的女性"也会对这位心理咨询师没有什么好感。

正确的做法，是在之后的自我介绍中解释清楚"为什么要将自己的目标客户精准定位为28岁的女性"。例如——"我曾经接待过一位28岁的女性客户，通过心理咨询，我们变成了好朋友，她也成功地解决了自己的问题。这段经历令我意识到，为28岁的女性解决烦恼就是我的天职。"

解释清前因后果，其他年龄段的人也会觉得这位心理咨询师专业又可靠——"虽然我已经过了28岁，但应该也可以找他咨询一下吧？"

如果你的"尖锐言辞"是有根据的，那么批判你的人大约只会占整体的2.5%。也就是说，有1个人批判你，相应地就会有39个人支持你。

依我的个人经验来看，2.5%这个数字基本无误。

所以，无须担心"言辞尖锐"会影响你的职业发展，放手去干吧。

Point：你的"尖锐言辞"必须要有根据。

坚定地宣称"我可以"

媒体从业者与非媒体从业者对于"断然言之"的理解略有差异。

以我为例，我从事的是与媒体相关的工作，所以常常会很坚定地告诉大家："人人都可以录制电视节目"，或是"录制电视节目可以提高营业额"。可如果我没有在电视台工作过，说过的那些话就变成了"虚言"。

那么，真的是人人都可以录制电视节目吗？我的学员们虽然在学习班上学习了如何写新闻稿，但还是有人没能成功登上电视。还有一些学员，虽然电视台到店内进行了采访拍摄，但是营业额却没能提升。当然，这其中也不排除我提供的方法论有误的原因。

因为我的学员们没能人人成功，所以也招致了很多批判——"都是骗人的噱头""现实哪里像他说得那么顺利"。我即便在意，也无力改变。

这就和成功励志类的图书一样，很多这类图书都宣称"用了此方法，人人皆可成功"。如果看了某本书就一定能成功，那市面上就不会有那么多种介绍如何成功的书了。

现实中很可能有人读了这些书却没能成功。

但如果一本书宣称"读了本书有可能取得成功"，那么就没有人会去读它。出版社方面在宣传时必然会以"读了这本书一定可以取得成功"为噱头，读者方面在某种程度上也了解出版社的做法，虽然买了书，但也知道能否取得成功根本原因还在自己。

试想，餐厅的厨师在做菜的时候会不会在心里想"这道菜有可能会很难吃"呢？厨师自然不会有这样的想法，相反，他们会努力工作，尽己所能地为客人提供美味佳肴。

或许会有客人认为餐点并不好吃，可即便他们告知餐厅"这道菜很难吃"，餐厅也不会将宣传广告换成"有些客人吃了本店的餐点认为很难吃"。

所谓"断然言之"，是指如果下定决心"要做某件事"，就必须要坚定地告知公众自己的想法，不含糊其词，不前后不一。

一位承接 28 岁女性咨询业务的心理咨询师，必须要告知公众"我可以帮助 28 岁的女性解决心理问题"。一位专门处理面包店财务问题的税务师，至少要明确告诉大家自己可以为面包店解决哪些资金方面的问题。

我们在工作时或许做不到百分百完美。

但却可以通过学习、钻研，不断提高自身素质，努力接近完美。

如果没有这样的觉悟，立起的人设便很难为公众所接受。

为了使更多的人能够了解你的人设，就必须要有大批拥趸在点评网站上向公众宣传你如何优秀。

而想要令路人变为拥趸，就必须使他们深受触动，发自内心地感叹："他在这方面真是太厉害了！"

如果你暴露出自己怯懦的一面，或是常常说错话、言行不一，便无法触动人心。你一旦决定了自己要树立怎样的人设，那么无论外界评价如何，都要坚持贯彻到底，否则便无法取得大众的信任。

Point：做不到"断然言之"，便无人听你在说些什么。

善人人设加辣椒，恶人人设添蜜糖

为了提高自身的可信度，在最初设定人设时就必须要将人设的性格、特征固定下来。

我常常将"善人人设要加一点辣椒，恶人人设要添一点蜜糖"这句话挂在嘴边。

这其实是在讲"反差"的重要性。如果一个人在网上一直都发表极其正面的言论，总是"说好话"，那么偶尔"毒舌"一下会更有吸引力。相反，如果一个人常常在网上发一些略带批判性的言论，那么就需要偶尔温和委婉，讨人欢心。

当然，"毒舌"也要有个限度。诽谤、谩骂他人，常常发表消极言论，都会招致网友的厌恶。

不过，在涉及自己的专业领域时可以偶尔严苛，这样更有利于获取他人的信任。

其实，我虽然名字里带个"优"字，但在学习班上却并不是个"优柔温润"的讲师。

我教授的是媒体战略，指导学生作业时遇到不合格的稿件会直言"这种新闻稿不过关"，也很少会用"有进步""没关系"之类的鼓励性语言。

但我外表看上去爽朗，遇到真正有困难的人也会温和相待。这种温柔与无情的反差，令我的人设更有魅力。人既有积极的一面也有消极的一面，性格温和的人也会有发火的时候，冷漠死板的人也会有开心的时候。

这是人之常情，但如果所言所行全凭当日心情，想说什么便说什么，周围的人也只会认为你是个"极普通的人"罢了。

有时候，个人情感的表达方式也是一种宣传人设的策略。

* 平时如何对待他人？

* 会因何事欢喜？会因何事情感爆发？

* 又会因何事绝不妥协退让？

首先设定好自己理想的人物形象，之后再设想此人物在各种情境下会有怎样的举动——"这个人在这种场合会如何应对？""遇到这种对象又会给出怎样的反应？"

设定时可以参考电视节目中各种艺人的人设。

例如，坂上忍和松子DELUXE的人设，平时以言辞犀利著称，但有时却又非常有人情味。再例如，搞笑组合99中的冈村隆史的人设，平时嘻嘻哈哈爱开玩笑，可一旦认真起来，就充满了禁欲气息。

也可以参考电视剧中的角色。例如，人气电视剧《相棒》中的杉下右京，总是冷静自持，可伸张正义时却摇身一变成了热血刑警。大河剧①中的西乡隆盛，平时心直口快，坦率表露自己的感情，可在大局方面却又十分冷静。

年末时各家媒体都会发表"最喜欢的艺人排行榜"和"最讨厌的艺人排行榜"，我认为，从商业角度来看，如果一个人的名字可以同时出现在这两份榜单之上，足以证明他的人设树立得非常成功。

我们在树立人设时，就应该以这种充满争议性的人物为目标。

Point：熟练利用"反差"，打造丰满人设。

---

① 大河剧，指日本长篇历史电视连续剧。——译者注。

设计一个用于宣传的"原创角色"

当我们需要说一些难以启齿的内容时，可以借用虚拟角色之口讲出来。

现实中确实有人会利用虚拟角色发表一些不近人情的言论。

某家培训学校就创造了一个二头身的可爱角色，用来进行企业宣传。除宣传外，培训学校还会利用这个二次元角色告知前来参加学习班的学员们学校的相关规定。诸如"请严格遵守上课时间，迟到5分钟即无法进入教室"等不近人情的通知不再由校长或学校的工作人员直接告诉学生，全部都由此二次元角色代替。

大家应该都有这种心理：一些批判社会的尖锐言辞，如果是出自可爱的动漫角色或是小猫咪画像之口，听上去就会变得温和许多。

二次元角色的用处不仅仅只是说别人的坏话而已。

例如自我批评的时候，本人在网上发一些"我很后悔做了这件事""我就是个废柴"之类的状态，也可以稍稍吸引周围人的注意。

但如果这些批评是由二次元角色说出口的，网友反而会觉得此人真挚、诚恳，认为"他是认真地在自我反省""他对自己很了解呢"。

大家可能会认为通常只有市镇村或是大企业才会去设计自己的吉祥物。

但其实个人也可以拥有代表自己的二次元形象。你可以很容易在 Coconala[①] 这类网站上找到插画师，请他帮忙画出符合你想象的立绘。

绘制的价格可以商量，便宜的能低至 500 日元，正常情况也就是几千日元，用作企业商用级别的立绘，几万日元也可以拿下。

二次元角色可以设计为动物造型的"吉祥物"，但大多数人还是会选择使用自己的肖像画。

特别是男性，如果长相略凶，可以考虑使用漫画版的肖像画，把自己画得可爱一些。

二次元角色设计完成后，可以添加在名片上，也可以印刷在宣传单等宣传物料上。

此外，我们在使用 SNS 交流时，也越来越多地会用到二次元角色，如 Line 的表情包、脸谱网的头像等。如果这时候用的是代表你自己的角色贴图，就可以使大家更快地认识你、了解你。

---

① Coconala，日本的一家个人技能交易平台（https://coconala.com/）。——译者注

如果想要用宠物的照片做自己的形象代言人，可以使用"宠物说"等手机 App，令宠物开口说出你想说的话。

操作也非常简单，将宠物的照片上传到 App，再录入自己想说的话，App 就可以自动将照片与录音合成为一段视频，看上去就好像是动物开口说话了一样。因为有艺人使用，这类 App 迅速蹿红，在手机应用商店花几百日元就可以下载。

当然，成功与否最主要还是得靠自己的实力，角色、人设都只是辅助，如果角色掩盖住了本人的闪光点，确实也不利于长久发展，但也不能因噎废食地不去搞人设、角色战略。当代社会，个人也可以像企业的宣传部门一样，利用各种手段营销自己。

你既是"商品"，也是要将这个商品销售出去的宣传部部长，不能被动等待顾客上门，而是要主动思考、尝试各种销售方法将自己成功卖出去。

Point：可以借原创角色之口"宣传"自己或是说一些"难以启齿"的内容。

你能打造出"100万日元的商品"吗?

当讲到如何销售"自己"这件商品时,我常常会问学生一个问题:"你能制作出一件100万日元的商品吗?"

可能有些人的工作就是卖房子、卖车子,商品的单价都超过了100万日元。但是那些都是公司的商品,而并非"你的商品"。

假定有一个人的工作是销售1000万日元的二手公寓,他想要将自己的"销售技巧"教授给别人(个人,非企业)。

这份"销售技巧"定价100万日元,是否会有人买呢?

试想,如果恰好有一个人也是在销售1000万日元左右的商品,正在因推销不出商品而发愁,看到有人标价100万日元出售"销售技巧",又恰好认为"只要我学了这些'销售技巧',就可以将商品一件件顺利推销出去",那他应该就会花钱购买,毕竟100万日元并不是一笔昂贵的投资。

然而现实却是他并不会购买。

因为他没有自信能够赚回那100万的本钱。

如果一家公司或个人要向客户提供专业技巧教学和业务发展咨询服务,那么至少要使顾客得到价值投资额3倍的好处,否则便无法获得客户的认可。

令我意外的是，很多人都认为"用人设做生意"就是提供一些基本上毫无价值的东西，只依靠自己的"演技"就能挣钱。然而实际情况并非如此。

当你以"为某类人群解决某种问题的专业人士"的身份提供商业服务时，如果定价为100万日元，则必须要能够向客户提供至少价值300万日元的服务。

当然定价这件事还是要具体情况具体分析，不能武断地一刀切。不过既然你决定了要靠人设赚钱，就必须要有这样的觉悟。读到这里，是不是有些读者感到自信心大受打击，认为自己不适合靠人设赚钱呢？

在听我讲座的人之中，有一位摄影师，平时帮别人拍照的费用是18万日元。

由于在众多同行中并不显眼，因此没什么人找他拍照。于是他开始认真思考如何为自己"创建人设"，就真的推出了一套100万日元的摄影服务。

结果这套价值百万日元的摄影服务一经推出便大受欢迎，现在的预约已经排到了6个月以后。

这位摄影师究竟是如何获得成功的呢？

原来，他一直在学习有关个人发展的相关知识，并且把这些知识与树立人设的知识结合在一起，推出了"未来摄影"的服务。

所谓"未来摄影"，是指用照片记录下我们内心所憧憬的"未来的自己"。

常看这套照片，能够大幅度提升我们奋斗的动力，将憧憬的未来变为现实。但既然这套服务定价100万日元，就必须要确保顾客体验到至少300万日元的价值，因此绝不能随便拍拍了事。

首先，摄影师要与顾客多次讨论，明确对方憧憬的自己究竟是怎样的形象。

形象确定之后，还需要寻找与之相配的地点，用创作艺术品的心态去思考最佳的构图方式。

有时候甚至还需要到海外采景拍摄。虽然机票费用是由客户承担，但是摄影师为此也花费了时间和劳动力，这些都是服务中隐藏的价值。

这位摄影师之前也常常帮艺人拍摄，技术超一流。应该有很多购买了这份100万日元摄影套餐的顾客都获得了物超所值的满足感，认为自己体验到了价值300万日元的服务。

> **Point：树立"物超所值"的形象，令顾客相信你的商品拥有"价格3倍的价值"。**

如何将 100 日元的苹果卖出 1000 日元的高价？

100 万日元只是一个大致的目标。来到我讲座的听众基本上都对自己的工作没有一个正确的定价。

因为大家都是以市场上的一般价格为标准来定价，而不是为"人设"定价。如果你也是这样做，那便会与世间大多数人"一模一样"，大众也不会对你的人设留下什么印象。

不过，听过我的讲座后，听众们都将自己工作的价格平均提高了 37%，这是因为他们对"价值"的认知发生了巨大的改变，开始以人设为标准为工作定价。如果一个原本只卖 100 日元的苹果标价 1000 日元出售，大多数人都会在内心高呼"太贵了！"但是这世上的确存在受人追捧的 1000 日元高价苹果，而且还并不是什么知名品牌。

超强台风横扫日本青森县时，很多果农的果园都损失惨重。

然而有一家果农的苹果却抵挡住了强风的侵袭，依然挂在树上。于是果农在售卖时便打出了"不落苹果"的宣传语。灾年产的苹果其实并不是非常好吃。但是对于考生而言，"不落苹果"意味着"考试不落榜",是个好彩头,所以即便苹果标价 1000 日元一个,大家还是疯狂购买。

所以说,商品或服务的"价值"并不是由其品质或是你的能力、经验来决定的,而是由顾客决定的,顾客从中看到它有多少价值,它便有多少价值。

有客人愿意为你高出同行几倍价格的商品或服务买单,他们是发现了你身上存在的哪些价值呢?为了使更多的人认可你的人设,愿意为之花钱,就必须不断努力,将这些价值提升到极致。

媒体也是同样,电视台也是发现你身上的"价值"之后,才会跑去采访你。有些人会认为"只要自己上了电视,价值就会提高",这其实是一个误区。如果你不能够在上电视之前就一直提高自己的价值,媒体是不会对你感兴趣的。

电视台是为观众制作电视节目,如果播出了毫无价值的东西,只会收到来自观众的大量投诉。

因此,如果你想要登上电视节目,提高人生价值,那么第一步就是坚定信念,努力提升自己人设的价值。

我会定期开办学习班,学费是 180 万日元,迄今为止,还从未收到过任何一位听过课的学生投诉"你的课根本不值那么多钱"。有趣的是,反而是那些从未听过课的、不知道课堂内容的局外人会叽叽喳喳地吐槽"这课也太贵了""他就是个敲竹杠的奸商"。

我很认真地准备课程，既然收了学生 180 万日元的学费，就必须要拿出超过 540（180×3）万日元的成果来。而学生则与我的想法不同，他们付了 180 万日元的学费，就希望能够得到价值 180 万日元的收获。

两者思维的差异造成的结果就是，大多数的学生都能够收获自己预期的成果。

Point："价值"是由客户决定的。

营销始于网络！

树立人设的第二步，就是选择恰当的方式将自己的人设告知公众。

录制电视节目是最理想的方式，但是却很难实现。

口头宣传、分发印刷资料虽然也是一种好办法，但是受众有限。

因此，先在网络上创建一个自己的媒体是最简单、最能够自由宣传自己人设的方法。

如何利用自媒体进行宣传留待下一章详述。本节要讲的，是"创造人设"时的大前提——为人设创建个人网站。

个人网站相当于你的"个人办公室"。

个人网站的首页要有对人设的说明、业务内容的介绍等信息，网友点击首页的链接后跳入二级页面，可以看到更加详细的信息。

你也可以建立一个专门的页面用来提示新消息，客户在该页面的专用格式框内输入必要的信息，就可以直接购买商品或服务。这个页面叫作"着陆页（LP）"，是进入你的个人商业世界的入口。

然而，即便建立了个人网站，如果不加宣传，也不会有人一时兴起点进去浏览。

这时候，脸谱网、推特、Instagram 等 SNS 就派上了用场。你也可以使用 YouTube 等视频网站拍摄视频，吸引网友点击进入个人网站的着陆页。

如果是进行正经的商务宣传，推荐使用脸谱网，如果是以年轻人为客户群体的业务，或是可以用服装、饮食的照片进行宣传的业务，推荐使用 Instagram。不过当代社会瞬息万变，为了确保获得更好的宣传效果，最好还是充分利用一切可以利用的方式。

然而无论是脸谱网、Instagram 也好，YouTube 也罢，都只不过是吸引顾客来店的诱饵罢了，并不是真正的业务窗口。将各种各样的工具成功整合之后，你的"自媒体"也就成型了。

那现在就让我们一起来制作自己的个人网站吧！

网上有很多网页制作模板，号称 1 小时就可以制作出自己的个人网站。如果你觉得用模板建个人网站有些困难，也可以先到"Ameba Blog"开一个个人博客。

我推荐大家使用 Peraichi[①] 网站在线制作个人网站，简单又免费。

---

① Peraichi，日本一款免费制作个人网站的网站（https://peraichi.com/）。——译者注

有些读者可能之前就有自己的个人网站，但如果创建了一个新的人设，最好还是再另开一个个人网站。之前的网站也不必删除，可以先将新网站的超链接放在上面，也算是一种宣传手段。

如果你已经准备就绪，那就快快开始完成属于自己的"媒体"吧！

创建自己的媒体一点儿都不困难。而且只要你迈出了第一步，开始在网络上宣传自己的人设，就会越来越能感受到其中的乐趣。

Point：为个人网站创建着陆页，与 SNS 联动进行宣传。

你的影响力可以设计

キャラがすべて！ メディアを使いこなして、自分自身を売り続ける方法

第三章　录制视频时首先应该考虑什么？

准备一份"生意设计图"

本章终于开始详述如何使自己的人设登陆媒体，促进生意飞跃性提升。

在学习方法论之前，我们首先需要搞清楚媒体究竟是什么。

上一章的最后一节讲述了如何灵活运用包含 SNS 在内的网络媒体。不过平时提到"媒体"二字，我们基本上能想到的就是电视、报纸、广播和图书／杂志这四种。

这四种媒体中，利用难度最高的是图书。当然，你也可以选择自费出书，不过需要做企划案、写文章等，既花时间也耗费精力。

而且如果没有足够支撑得起"出书"的个人履历就强行出版，之后也很难吸引大批读者购买、阅读。

如此看来，确实还是上电视更容易一些。很多时候，虽然一个人的个人简历不够完整、出彩，但如果他做的事情有趣，又表示"今后会继续努力补充自己的简历"，电视节目组还是会去采访他。而且电视的影响力也要大于其他媒体。

因此，我常常会告诉那些"梦想出书"的经营者："先录制电视节目，之后再出书吧。"

从生意的角度来看，无论是出书还是上电视，都不是最终目的。

提高营业额才是重点。上电视和出书都只是提高营业额的手段。即便亲戚们都开心地称赞"我在电视上看到你啦"，可如果营业额下跌，也是毫无意义。

因此，无论你将以何种方式出现在媒体上，首先要做的都是做一份设计图，计划好如何利用这一机会。

而只要完成了设计图，你要做的事情就完成了七成。接下来只需要按照设计图一步步执行便好。

"设计图"究竟又是什么呢？

下一页的图表就是我在自己的学习班上教授的设计图。

之后的几节将会详述如何构建这样的设计图。

Point：只要能先完成设计图，就解决了七成的工作量。

"生意设计图"示意图

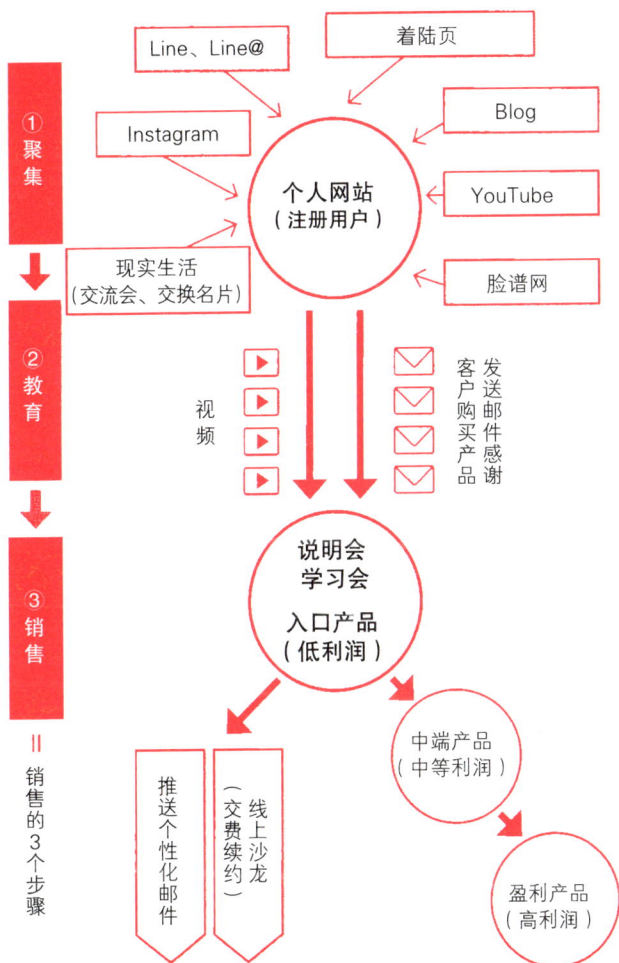

① 聚集

② 教育

③ 销售

= 销售的3个步骤

Line、Line@

着陆页

Instagram

Blog

个人网站
（注册用户）

YouTube

现实生活
（交流会、交换名片）

脸谱网

视频

发送邮件感谢
客户购买产品

说明会
学习会
入口产品
（低利润）

中端产品
（中等利润）

推送个性化邮件

线上沙龙
（交费续约）

盈利产品
（高利润）

翔实的计划是录制视频节目的前提

绘制设计图时最重要的就是弄清"自己录制电视节目是为了什么"。

前文也提到过，即便获得了"上电视"的机会，可如果不能将收看节目的观众转变为自己的客户，这电视上得也是毫无意义。

那么应该如何将电视观众转变为自己的客户呢？你可以直接吸引客户来店，也可以先了解哪些人对自己的生意感兴趣，获取他们的联系方式，之后再向其推送商业广告，吸引其到店。

前一种方式当然最为理想，但后一种方式也可以将看到节目后对你的生意产生兴趣的观众转变为今后的客户。

那又应该如何了解有哪些人对你的生意产生了兴趣呢？

最简单的方法，就是观察"有哪些人访问了你的个人网站"。

* 如何吸引观看了电视节目的人访问你的个人网站？

* 如何吸引访问个人网站的游客填写联系方式等信息注册会员？

* 如果你销售的是商品，又应该如何吸引网友在个人网站

购买？

　　* 是否可以提供样品？

　　* 能否在线下举办活动，吸引感兴趣的人前来体验？

　　设计图必须要能够对生意的整个流程进行模拟，既包含"录制节目前的情景"，也包括"录制节目后的情景"。因此，设计图自然不能在确定录制电视节目之后才临时抱佛脚地开始绘制。

　　此外，既然设计图要模拟出整个生意流程，就必须在绘制时确定好"应该借助哪些现有的媒体平台宣传自己"以及"你自己应该创建怎样的媒体自我宣传"。

　　如果你是企业经营者，应该录制何种类型的电视节目才能取得最理想的效果？

　　东京电视台的《全球财经卫星》（*WORLD BUSINESS SATEL-LITE*）、《大地的拂晓》《寒武宫殿》三档节目，虽然难度大，但很值得挑战。NHK《行家本色》等节目也是很好的选择。

　　如果你是讲师，这种需要在众人前讲话的工作，可以参加日本电视台的《世界上最想听的课》，或富士电视台的《真的假的?！TV》。

　　如果你是餐饮店店主，可以在众多美食节目中进行选择，也可以参加新闻节目的美食专题。总之，想要借助媒体的力量提升销售业绩，就必须要以"我可以录制某某节目"为前提绘制生意

设计图，模拟整个生意流程，而不是消极地认定自己无法录制那

种级别的电视节目。否则即便之后真的遇到良机得以录制，也没

办法使销售额得到提升。

Point：提前对"录制节目前的情景"与

"录制节目后的情景"进行模拟。

活用"PESO"媒体模型开发新业务

在绘制生意设计图时，希望大家能够参考"PESO"模型。

"PESO"是由 Paid、Earned、Shared、Owned 四个单词的首字母组成的：

* P——Paid：用来刊登广告的媒体

* E——Earned：用来获取信用与知名度的媒体

* S——Shared：通过分享的方式传播信息的媒体

* O——Owned：可以由你自己来发布信息的媒体

四种类型的代表性媒体如下所示：

* Paid：所有 CM（电视广告）与纸质广告

* Earned：电视节目、报纸杂志

* Shared：SNS 上的互动（点评或转发）

* Owned：企业的官网或电子邮件广告

一般来说，PESO 模型是企业在进行营销时会用到的一种思维方式，不过现在个人也可以利用它进行自我宣传。

大家可以想象到，在网络普及之前，只能使用 P 和 E 两类媒体进行宣传，而现在，S 与 O 两类媒体的重要程度俨然已经上升到了与 P、E 同样的级别。

在 PESO 模型中，只有 "O" 类媒体是你可以自由操控的，这就需要你变身为宣传部部长，努力进行自我营销。

然而生意究竟能不能做成，起关键作用的还是 "Shared" 类媒体。

因为在现代社会，很多人并不是看到广告之后去购买商品，而是依据网友的评价决定是否购买。

因此，想要令更多的人了解自己，关键是要令更多的人看到网友的相关评价。

那么，又应该如何使更多的人看到网友们的评价呢？

Point：要重视 "S" 与 "O" 类媒体。

利用"回答力"抓住机遇！

"回答力"是指抓住问题关键，给出恰当答案的能力。我认为，想要能够熟练使用 SNS，就必须要具备"回答力"。换言之，如果你没有"回答力"，便很难发挥出 SNS 的优势。

电视和杂志这两种媒体，会预先限定你的回答力。无论你说了什么，制作组都可以依据节目内容进行剪辑。大家应该在电视上看到过这些情况：嘉宾发表评论时，镜头变成了其他画面，或者嘉宾特意按照节目组准备的大型提示卡上的内容进行回答。某种意义上来说，这是因为"制作方希望向观众展示符合制作方期望的回答"。

直播节目中，偶尔会看到一些节目组请来做解说的专家发言前后矛盾，现场气氛极其尴尬。电视台并不希望出现这种情况，所以会事先诱导嘉宾做出符合节目宗旨的回答。

杂志也是如此，记者会按照编辑的想法要求受访者回答某些问题。如果想要获得畅所欲言的机会，就必须争取到连载。

相较于电视与杂志，SNS 的自主性更高，你可以在上面自由发布信息，"畅所欲言"，因此也就能够充分地发挥回答力。

那么究竟有多少人意识到了"回答力"的重要性呢？

大家在使用脸谱网等SNS时，对自己发出的文章、动态都会字斟句酌，非常在意。然而对于这些文章、动态下网友的评论，却有人却选择视而不见，或敷衍回应。

其实，对于想要"推销人设"的人而言，"有人在你的SNS上评论留言"就相当于"你掌握了一条通向潜在客户的通道"。你能够在多大程度上给出一条"既满足留言网友的期望，又能够宣传自己"的回答，直接影响到你对媒体的掌控能力。

此外，对于在脸谱网上留言提问的网友，你还需要提供"售后服务"。

以我为例，假设有一位网友留言提问："我这种平凡的人也有机会上电视吗？"

我首先一定是要真挚地回答他的问题，之后如果要开学习班或办演讲，就会私信他相关资料，那么这位网友很有可能就会成为我的客户。

也就是说，你的"回答"会直接转变为客户名单。

SNS的优势就是如此强大，我们有什么理由不好好利用呢？

大家还必须牢记一点：在其他人的脸谱网等SNS上留言评论，其实也是在利用网络媒体发布信息，自然还是需要拥有"回答力"。

脸谱网上偶尔会有一些评论说得驴唇不对马嘴，让人不禁怀疑留言的人究竟有没有认真读过原文。典型案例就是，有些人看到早晨发的文章、状态，根本不看具体说了什么，就在下面评论"早上好"。

如果我们的评论和原文内容相差过远，第三者看到后，便会认为这个留言的人不是很可靠。

在 SNS 上的互动要基于人与人交流的常识，可如果仅局限于此，你最终只会成为一个普通的"好人"。你需要常常将自己代入理想中的人设，思考这样的人会说些什么，发出的所有信息、评论都要字斟句酌，力争将其打造成精品，这才是 SNS 正确的使用方法。

Point：回复评论时，也要记得自我宣传。

获"赞"有诀窍

SNS 很重要的一个特点，就是可以实现双方向的信息收发。

你作为发信方，要努力向外推销自己的人设，然而收信方并不只是单纯地接收信息而已，他们也想要宣传自己。换言之就是，如果你接受了对方的人设，那么对方也会接受你的人设。

有越多的人参与到这个过程中来，你的人设就能够传播得越广。所以说，SNS 的确是一种非常易于掌握、易出成果的媒体。

最简单地表达出自己"接受了对方人设"的做法，就是为对方点"赞"。

常常有人会因自己的脸谱网无人点赞而苦恼，实际上这些人也从来不会给别人的脸谱网点赞。虽然点赞这件事并不遵循互惠原则，但如果你毫无动作、只想收获，自然也不会获得别人的点赞。

网络世界同样遵循着现实世界的规则。SNS 也并不是只要上传了好的内容，就可以收获好的反馈。

而且，点赞也是有方法策略的，恰如其分的点赞能够令对方更加开心。

例如，脸谱网有时间线功能，可以倒叙排列主人发布的所有动态，你可以积极点赞那些主人近期发布的动态。

如果动态发布的时间在 5 分钟左右，说明主人很可能还在线上浏览其他人发布的信息。看到有人迅速为自己点赞，必然会对此人产生极高的好感。

特别是脸谱网上除了点"赞"之外，还有一个特殊按键——"大爱"，如果可以点击"大爱"，对方会更加开心。

当然，如果对方只是发了一条普通的动态，点击"大爱"未免有些露骨。但如果你能够感受到对方发布这条信息时已经预料到读者看到后会情绪高涨，就不妨积极地按下这个特殊的按键。

我浏览别人的脸谱网时，基本上都是点"大爱"，特别是我的学生，如果只给他们点一个普通的"赞"，对方会认为我对他的表现"略有不满"。

而且点击"大爱"，会传递出"我有在认真看你发布的内容"这一信息，效果极佳。

如果想进一步提升对方的好感，除了点"赞"，还得"评论"。

评论时的要点在于：语句简洁精炼，内容积极正面。评论时长篇大论地发表自己的意见，只是给对方添麻烦罢了；直白地指出对方的错别字，也只不过是自我满足。

既然选择了要靠"评论"获取对方的好感，那就得使自己的言行"符合对方的期望"。

别人发布了一篇美食文章，你留言评论"我吃过更好吃的"；别人上传了自家小狗、小猫的照片，你非要争个高下，在评论里发一张自己宠物的美照——这种行为只会招人厌烦。反而是坦率地夸赞一句"看上去真好吃""我也想吃""小家伙真可爱"，更能令对方开心。

SNS 上的互动和现实生活中人与人之间的交流都是如此。交谈时如果能够处处考虑到对方的心情，会令更多的人喜欢你。

Point：尽量在对方发布动态 5 分钟之内点"赞"，点"大爱"效果更佳。

利用 SNS 为电子邮件广告铺路

虽然谈了一整节脸谱网点赞的话题，但我本人却认为完全不需要在意有多少人在 SNS 上为你点赞。

点赞数量也会受到 SNS 后台算法的影响，未必就是网友态度的真实反映。

以脸谱网为例，如果你发布的文章中有其他网址的链接，或是单次上传的照片数量过多，就会不容易扩散，自然也不容易获得别人的点赞。

但你使用脸谱网的目的就是为了宣传自己的生意，如果不能在文章中添加个人网站的链接，也不能多发几张有助于树立人设的图片，那么在脸谱网上发布信息就变得毫无意义。

实际上，很多人虽然点了赞，但也不会去看原文写了什么。

而有的人虽然没有点赞，但是却一字一句地看完了全文。

二者中，显然后者对你的工作更有帮助，应该认真对待。

你的目标并不是获得很多人的赞，而是要想方设法将粉丝转变为客户，即便数量不多也没关系。但问题在于应该如何从众多粉丝中挑选出少数认真阅读文章的读者呢？

如果这些读者只是阅读文章，不点赞也不留言，那没有任何办法可以找到他们。所以你必须主动出击，使 SNS 上的粉丝升级为客户。

最简单的方式就是"电子邮件广告"。

在经营脸谱网时，可以顺势宣传自己从某天开始将提供"电子邮件广告推送服务"。如果你的工作是教授某种知识，可以在脸谱网上宣布："现在注册成为会员，接收电子邮件广告，可以免费学习某某技巧。"

当然，电子邮件广告基本上都是免费的，接收方不会感到任何负担。你可以借助这个优势，在电子邮件广告中宣传自己的生意，例如收费的学习班、商务咨询、心理咨询等，将电子邮件广告做成类似直邮（DM）的样式，确保潜在客户可以从中接收到他们需要的信息。

如果 SNS 上的粉丝愿意注册会员、接收电子邮件广告，那他就变成了你的储备客户。

那么，究竟又会有多少人愿意注册成为会员呢？

其实，如果你不是社会名人，很难召集到大批会员。能够召集到 20 人已经很厉害了，很多时候甚至连 10 人都召集不到。

想要增加注册会员人数，也是有诀窍的。

诀窍就是——"送礼物"。注册会员接收电子邮件广告，其实就是向他人提供自己的个人信息。有些人不情愿填写邮箱地址注册会员，就是担心自己的个人信息会被人用来做坏事，或是频繁收到垃圾邮件。

我常常会在学习班上询问女性学员："能告诉我你的住址吗？"

如果这个学员对我比较了解，便会痛快答应。但是如果对方是初次见我，便只会报以冷漠、狐疑的目光。

这时，我会顶着对方冷冰冰的视线继续说道："我每个月都要给学员们送鳕场蟹。"

听到我的解释，基本上所有的女学员都会莞尔一笑，报上自己的住址。如果对方不喜欢螃蟹，我还会将礼物替换成蜜瓜或是松茸——完美！

也就是说，这些女学员们用自己的住址信息交换了螃蟹、蜜瓜、松茸等礼物。

然而实际上，用赠送螃蟹、蜜瓜、松茸来吸引网友注册会员接收电子邮件广告并不是一个好方法。注册人数少时无所谓，如果有几十甚至几百人注册，那可就是一笔巨大的开销。

因此，赠送的礼物还是要符合你的人设。

如果是学习班的讲师，可以赠送学习会的现场视频或讲义资料；如果是咨询师，可以赠送咨询体验券；如果你的工作是推广某种兴趣活动，可以赠送介绍此项活动学习技巧的宣传册或电子相册等小礼物。

长此以往，会员列表自然会逐渐增长。

当然，列表人数也并不是越多越好。

常常有人炫耀自己拥有大量的电子邮件广告会员，但其实相较于人数，电子邮件广告的点击率才更重要。

即便电子邮件广告列表上有 60000 人，如果点击率是 0.1%，最终也只有 60 人打开邮件看了内容。如果电子邮件广告列表上有 100 人，点击率是 80%，那最终有 80 人看了邮件。二者相比，显然后者更加有利。

相较于漫无目标地广发邮件，向主动在 SNS 上联系我们愿意"注册会员接收广告"的用户推送电子邮件广告能够获得更高的点击率。

因此，对于最先注册会员的 10 名用户，你要非常用心地经营，持续向他们提供生意上的信息。这 10 名用户感受到你的真诚，会在 SNS 上自发帮助你进行宣传："这个人推送的电子邮件广告既有趣又有用。"其他人看到这些介绍，便会跟着注册成为会员。

你的目标并不是在 SNS 上拥有大批粉丝。在确保粉丝人数增长的同时，还必须不断地吸引更多的粉丝注册用户接收电子邮件广告，持续向已注册的用户提供他们所需的信息。

Point：免费的礼物是吸引大家主动举手的诱饵。

提前准备一年份的电子邮件广告

最近，有些人将电子邮件广告归类为"老古董"，认为这种宣传方式已经过时了。还有些人推荐使用 Line@ 来代替电子邮件广告。Line@ 是企业版的 Line，可以向添加为好友的 Line 用户定期推送商业信息。当然，使用 Line@ 好处多多，操作简单，与粉丝互动起来也非常方便。

但是，无论是使用 Line、脸谱网也好，还是 Instagram、推特也罢，都必须牢记一点：如果生意中某一重要环节的完成全部依仗于一家公司的产品，那将会面临较高的风险。

电子邮件广告的优点就在于，无论是会员邮件列表还是过去内容的存档，全部都由你自己管理。只要在电脑上做好备份，会员邮件列表就不会丢失。不过，一些免费的电子邮件广告推送网站不允许用户自主管理会员邮件列表，使用前要注意确认。

如果所有的会员邮件列表都用 Line 来管理，万一出现什么意外，整个列表都可能完全失效。

特别是在变化激烈的现代社会，因为电脑型号的变化或是媒体工具运营商内部的原因导致无法使用某种媒体工具的案例并不少见。为了防止这类损失的发生，最好还是将自主管理度最高的媒体工具作为生意宣传的主战场。

当然，你完全可以将电子邮件广告的内容再发布到 Line 或者博客上。为了令更多的人了解你的人设，利用多种媒体渠道进行宣传无疑是最佳的方式，工作量也不会很大，只需要动动鼠标复制粘贴即可。

其他媒体渠道可以照搬主要宣传渠道——电子邮件广告的内容，但电子邮件广告的内容必须是你自己的原创。很多人就是因为无法长期推送原创内容半途而废。

我在学习班上也会教大家如何制作电子邮件广告。

电子邮件广告的内容要符合你自身的人设。

内容不必写得过长，读者们只是期待阅读你写的文章，并不会去深入思考。

难点在于"如何一直写下去"。

因此，在我的学习班上，如果有学生准备开始向用户推送电子邮件广告，我会要求他们以每个月推送两次为标准，先做出一年的电子邮件广告，即 24 份。如果学生表示做不到，我会建议他们最好推迟启动推送服务。

你使出了浑身解数吸引网友注册成为会员，愿意接收电子邮件广告。但如果超过一个月都不推送新内容，大部分用户都会对你失去兴趣。

待到对方将你抛诸脑后时再向其推送电子邮件广告，对方只会直接将邮件扔进垃圾箱，不予理会。

推送电子邮件广告时最重要的一点，就是确保持续性。

每月推送两次，日期自行决定，可以是每月的一日和十六日，也可以是初一和十五。

每月两次的推送频率是底线。我在工作中发现，有些用户虽然最初对你的电子邮件广告不是很有兴趣，但如果坚持每月两次按时推送，渐渐地，对方就会开始期待下一封电子邮件广告中会有哪些内容。

YouTube 等视频网站也是如此，要按照一定的频率定时更新。但是更新数与关注者增长数并不是成比例的。通常情况下，当你的更新数量累计达到 100 次左右时，由于粉丝的四处宣传，关注者数会突然开始迅速增长。

关注者数量的增长曲线很像指数函数，刚开始的曲线上升幅度极缓，几乎接近平行于 X 轴，之后在某一点迅速上升。

但很多人坚持不到 100 次更新，在还没爆红之前就放弃了，自然也就无法成功推销出自己的人设。

请大家牢记一点：想要在网络世界闯出些名堂，就必须要有一定程度的耐心与毅力。开展网络宣传的第一步，就是要认识到

"数量优先于质量"。

从默默无闻到月营业额八位数

只要你能够踏踏实实地坚持利用网络媒体更新内容，就一定会有机会登上电视这种大型的媒体平台。

远藤优子女士是一位美容师，在神奈川县茅崎市经营着一家美容沙龙。茅崎市虽然是旅游城市，但她的店面距离车站有差不多40分钟的路程，地理位置上确实不占什么优势。

她在脸谱网上注册了账号，上传自己工作相关的内容。

她首先创建了一个熊猫的卡通形象作为自己的代言人，希望利用这只熊猫来打开自己的知名度。

宣传的形式既有文章也有视频。拍视频的时候是以熊猫的形象出境，为了给观众留下深刻印象，还特意将打招呼的"晚上好'KON BAN WA'"说成谐音的"熊猫好'KON PANDA'"。

她的视频内容有趣又新奇，甚至还会为卡通熊猫化妆。

电视台也对她进行过介绍，之所以会挑中她，主要有以下几个原因。

第一点自然是因为她的卡通形象拥有极高的人气。

但是大家喜欢她并不仅仅是因为"熊猫"这个形象非常新奇。

她之前要比现在胖 20 公斤左右，为了减肥，频繁地周转于多家大型美容沙龙。

虽然每一家都有一定成效，但最后都会反弹。

于是她索性自己开了一家美容沙龙。因为常年的减肥经历，她深知如何才能令顾客"坚持减肥"。她长期利用熊猫的形象宣传自己的理念："既然花大价钱办了美容沙龙的会员卡，就让我们来一场永不失败的减肥吧。"

第二点是因为她一有机会就在自己的文章或视频中表示："出川哲朗是我的恩人。"

为什么会提到出川哲朗呢？

原来，出川哲朗曾在电视节目中说过："人生重要的是努力，而不是担心努力后是不是会取得好的结果。"远藤优子刚好看到了这一段节目，听到这句话后深受鼓舞。

她听取了出川哲朗的建议，决定努力去经营一个像"熊猫"一样有趣的卡通形象，只要能给大家带来快乐，丑一些也没关系。

刚巧电视台在策划一期"与仰慕的艺人见面"为主题的节目，于是便邀请她与出川哲朗共同参加。

她在节目上妙语连珠，效果极佳。

很多观众看了她在节目上的表现后成了她的客户，现在的月营业额已经达到了八位数。而这一切的成功，都源自她在网络自媒体上推出了原创的卡通形象，树立起了自己的人设。

Point：无论是树立人设还是更新内容，
都要有毅力地坚持下去。

广播节目同样效果满分！

除电视媒体之外，还有广播和传统纸媒，它们绝不是过时的"老古董"，只要运用得当，一样效果满分。

以广播节目为例，我自己在网络电台也有一个广播节目。

节目的名字是《优酱的 It's Your Time》，收听人数自然是比不上全国播出的电视节目。虽然人数不多，但其中的忠实听众可不少。

我的节目虽然是个例，但其实可以代表广播节目的整体情况。

虽然广播的用户数量要远远少于电视，但这些用户有很多都是节目的忠实粉丝，而且还是有巨大开发潜力的缝隙市场，因此如果你上了一档广播节目，听众们在节目播出时就会立即去搜索你的个人网站，相较于电视观众，广播听众更容易转变为客户。

我的广播节目嘉宾中，有一位武下浩绍先生，他是福冈县大川市的草莓农户。

他提出了"一颗草莓一份爱"的宣传广告语，努力在全国推广"AMAOU"品种的草莓。虽然武下浩绍事业腾飞的契机并不是我的广播节目，但的确有很多听众通过那次的节目对他的生活方式产生了共鸣。他的粉丝越来越多，办了一场又一场的全国巡回演讲。演讲、农业两手抓，年收入早已超过了一亿日元。

我们周围其实充斥着各种各样的媒体，除广播节目外，还有 YouTube、传统纸媒、电子邮件广告等。现在很多人都会在 YouTube 上上传自制的视频。

最近还出现了一种新的媒体方式——"线上沙龙"，发展非常迅速，在之后的第五章会详细介绍。如果可以熟练运用这些媒体进行自我宣传，你的人设应该就能够渗透这世上的每一个角落。

因此，你需要更加积极地寻找媒体，主动推销自己，争取参演节目的机会。

在努力参演各种节目的同时，还要积极推送电子邮件广告。只要坚持不懈，终会迎来转折点，营业额曲线飙升，生意越做越大。

Point：参加广播节目容易吸引到核心粉丝。

你的影响力可以设计

キャラがすべて！ メディアを使いこなして、自分自身を
売り続ける方法

第四章 与流量媒体同行，一举取得事业成功

为什么我每天会看八小时的电视？

本章终于要谈到我的老本行——"电视营销"。读者之中应该有越来越多的人变得"几乎不看电视节目"。甚至我学习班的很多学生，虽然想要"上电视宣传自己"，但私下里根本不看电视。

可以说，"看电视"作为日本国民文化活动的时代已经结束了。

然而我现在依然每天会看八小时的电视。大家一定很好奇我怎么能够抽出这么多的时间花在看电视上。其实很简单，我在事务所的时候也会开着电视，一边在电脑上处理工作，一边时不时看一眼电视上在演什么。

之所以花费这么多的时间看电视，是为了研究"怎样的人或怎样的店铺、企业，参加怎样的节目会产出有趣的节目效果"。

总之，如果想要参与某档电视节目的制作，首先必须要了解它演的是什么。如果对节目不甚了解就贸然将新闻稿递上去，基本上不用期待会收到回复。

我的涉猎范围极广，不仅仅是新闻类、信息类节目，电视剧我也会认真查看。

因为"某电视剧的取景地"也可以成为宣传的材料，如果在电视剧的画面中常常出现某家店铺，店铺主人就可以借用此噱头进行宣传："某某电视剧是在我家店铺拍摄的哟。"

其实，很多酒店、餐厅都会在自己的宣传文案中标明"本店为某某电视剧取景地"，有些店甚至因此成了有名的观光景点。

典型案例就是《华丽一族》的取景地——静冈县静冈市的日本平酒店，《逃避可耻但有用》的取景地——伊豆市的"宙 SORA 旅馆"。

电视剧的结尾处会有字幕展示哪些单位和个人对拍摄提供了帮助，只查看这一部分也可以对宣传提供参考。

来我的学习班上课的学生都想要"利用电视媒体宣传自己"，所以很多人都购买了"GARAPON TV"查看各类电视节目，一般的民众无须做到这种地步。

"GARAPON TV"是一种电视节目录制存储装置，连接电视机的有线电视接口之后，就能够将所有电视台的所有节目都录制下来，并存入硬盘。硬盘内可以存储二至四周的节目内容。录制的视频还可以用手机下载观看。

虽然"GARAPON TV"录制的视频画质不佳，远不如 DVD，但是可以帮助我们更快、更好地进行媒体调查。售价约四万日元，喜欢的朋友可以买来试试看。

Point：站在宣传营销的视角查看各类电视节目。

如何让艺人免费帮忙宣传

在市场营销领域，电视媒体依然拥有巨大的影响力，这一点在前面几章已经谈过了。

特别是最近，很多地方自治团体都开始积极地利用媒体资源。有些甚至会通过商工会议所联系媒体资源。

这一切都应该说是源于动画电影。

近年来，《你的名字》人气居高不下，连带着故事在现实中的取景地——岐阜县的飞弹地区都成了观光胜地，吸引了大批的电影粉丝前去"圣地巡礼"。像这种成为电影、电视剧取景地后带动地方经济发展的例子还有很多。

实际上，电视台在缺乏素材时也常常会拜托商工会议所帮忙提供信息。

因此，地方自治团体如果想要利用电视媒体进行宣传，可以在准备新闻稿的同时，多多去商工会议所咨询信息。特别是想要参加 NHK 电视台的节目，用这个方法也许很快便能得偿所愿。

还有一种方法，就是在联系电视台之前，先策划请艺人帮忙进行介绍。

这种介绍并不是正式的商业宣传推广。我有一位女性友人，她的工作是教大家如何使用呼啦圈减肥。

这位朋友还经常参加呼啦圈舞推广协会的活动。活动时她使用的呼啦圈是女演员深田恭子在广告中用过的同款，因此还引发了一波话题。

虽然她并不是有意为之，但的确有一部分人是看到深田恭子的同款呼啦圈后跑来报名她的减肥课程，期待自己也能达到深田恭子的使用效果。

这位朋友现在依然在用"深田恭子同款呼啦圈"为噱头宣传自己的减肥课程，可见艺人着实拥有难以估量的影响力。

一些艺人或模特凭借自身影响力成为意见领袖，引领时尚潮流。正因如此，大企业一般都会直接邀请影响力巨大的名人为自己的产品进行广告宣传。

某位名模在推特上聊了几句某家品牌的美容产品，就为厂家带来了 1200 万日元的销售额。为了换取名模的这几句产品介绍，厂家需要支付高达 400 万日元的广告费。

普通人可承担不起如此高昂的宣传成本。

但是你可以在宣传的起步阶段就开始持续向艺人所属的经纪公司供应免费的商品。

已经走红的大牌艺人各种广告、代言不断，或许并不会向公众介绍你提供的产品。但是公司里那些刚刚起步的小艺人们说不定会在某个场合随口提起一两句。

那时你就可以在宣传材料中注明："本产品为某某经纪公司旗下的某某艺人喜爱的产品。"

这方法虽然算不得是光明磊落，但经纪公司也并不吃亏，他们获得了一个宣传旗下无名艺人的机会，所以基本上不会投诉你。实际上，艺人中为众人所知的实乃冰山一角。签了经纪公司却得不到露面机会的人真是数不胜数。

邀请这些艺人帮忙宣传产品，费用并不会很高。

基本上对于艺人的出场费，经纪公司都有一个报价，这个报价是由艺人的市场行情决定的，而艺人的市场行情又是由大型电视台以及著名周刊杂志向该艺人支付的演出费用决定的。

因此，如果是邀请没有上过电视和杂志的艺人宣传产品，经纪公司在出场费用上也会有所通融。

你可以直接向经纪公司提出要求："我需要多少个某种类型的艺人帮忙宣传……"如此便可以以较低的价格邀请到较多的艺人。

很多居酒屋或餐厅会在艺人来店内用餐时请他签名，之后将签名挂在店内，也可以起到宣传的作用。即便不花大价钱拍广告，依然有很多方法请名人帮忙介绍产品，为产品树立好口碑。

Point：首先攻略经纪公司！

新锐的网络视频节目与保守的地面电视节目

我在电视台工作时，整个电视行业正处于大泡沫时代。

福岛虽然并不是什么特别发达的大城市，但我当时每个月仅报销的出租车费一项就要将近 30 万日元。这一切都是为了"早一步获得信息"。说得漂亮一些，就是电视台在节目制作方面丝毫不吝啬经费。

然而现在的电视行业已不像之前那般财大气粗。

原因之一就是各大企业逐渐削减了广告费等项目的预算。

加之政府相关部门出台了各种伦理方面的规定，节目制作时受到的限制越来越多，也影响了电视台的收入。例如之前有一档节目，制作组清晨潜入嘉宾身旁，在睡梦中的嘉宾枕边发射"巴祖卡"火箭炮。这样的节目如果放在现在播出，定然会招致狂风暴雨般的投诉。

由于电视节目受到诸多限制，许多有志于制作挑战类节目的制作人开始转战网络媒体。

"Abema TV"就是典型代表。"Abema TV"是一家网络电视台，由 CyberAgent 公司和朝日电视台出资组建，2016 年刚刚成立。

"Abema TV"曾经推出一档《战胜龟田兴毅，豪揽千万日元》的节目，播放次数达到了 1420 万次。只要参加节目的选手战胜了世界拳王龟田兴毅，就可以获取 1000 万日元的奖金。之后又邀请了元 SMAP 组合成员稻垣吾郎、草彅刚、香取慎吾出演直播节目《72 小时真心话电视》，3 天内总观看人数达到 7400 万。"Abema TV"凭借这一普通电视台无法实现的企划，一跃成为日本的超高人气媒体。有很多普通电视台的节目是没有办法在手机上观看的，因此很多学生和上班族在乘坐地铁上下学、上下班的时候就会去看"Abema TV"的节目。

实际上，转战网络媒体平台大显身手的并不仅仅是节目的制作方。

艺人们常道："电视台里只容得下 500 位艺人的座位。"所以大家为了这 500 个席位争得天昏地暗。席位更替快得令人眼花缭乱。在争夺战中落败的艺人，无论多么才华横溢，都只能在各地线下表演，无法令更多的人看到自己的优秀。

但这样的事情已经成为历史。网络视频播出平台为这些没能成功登上电视舞台的艺人提供了新的走红机会。

新出道的艺人可以先在网络上引起话题讨论，借此从一众同侪中脱颖而出。被挤掉电视台席位的过气艺人，也可以通过网络东山再起，重新回到万人瞩目的舞台。

自然，对于想要参加电视节目推销自己、希望借助上电视的机会招揽更多客户的人而言，网络视频播出平台也为他们提供了一个巨大的市场。

Point：网络视频的普及瞬间拓展了舞台面积！

为何购物节目总是在深夜播出？

如果我们需要借助电视媒体进行宣传营销，那么参加网络电视台的节目要比参加普通电视台的节目容易得多。

这一点毋庸置疑，因为普通电视台的频道数是有限的，节目数量自然受到频道数的限制，而网络电视台则可以在数量上无限制地上传节目。

网络电视台和网络上的其他媒体一样，可以实施无数个企划，也可以创办无数个频道。如此一来，普通网友可以收看的节目也就越来越多。

例如，CyberAgent 公司还创办了一家和"Abema TV"类似的网络电视台——"FRESH LIVE"。"FRESH LIVE"的特点就是：只要审查合格，任何人都可以在上面拥有自己的节目。

"FRESH LIVE"的理念基本上与 YouTube 相同，都是用户可以在网站上自行上传视频。

观看节目的人数自然无法与普通电视台的节目相比，但是用户可以在自己的节目中过一把当主持人的瘾，体验成为名人的感觉。

如果你的节目能够招揽众多网友收看，理论上就可以在节目中"尽情宣传自己想要宣传的事物"。

那么你自制的节目究竟是否会有人收看呢？

有没有观众主要还是取决于节目内容。例如购物节目，不仅可以为卖家带来收益，同时也是电视台的摇钱树。如果没有任何规章的限制，电视台或许会 24 小时只播放购物节目。

电视台的带货能力就是这么强。

我在电视台工作的时候，相关部门规定"要限制博彩类节目和购物节目在白天播出"，因此购物节目只能被赶入深夜档。购物节目的势头就是这么猛。然而，职业女性结束工作后回到家中打开电视的时间，恰好就是购物节目深夜播放的时间段，所以即便被赶入深夜档，购物节目至今依然人气火爆。

当然，并不是所有的购物节目都可以大获成功。

例如 Japanet Takata 等公司，一直都在下大力气研究商品在电视上的呈现方式，所以才会有漂亮的业绩。

刚入门的新手即便在镜头前做了同样的展示与介绍，可能也吸引不到几位观众收看。

不过"收看人数"并不等于"粉丝数"，节目有很多观众收看并不代表销售额就会上升。

节目形式和播放平台并不重要，无论是普通电视台的节目还是网络电视台的节目，抑或是 YouTube、脸谱网上的视频都可以用来进行商品宣传。重要的只有一点，就是在关键时刻精准地将信息传递给"想要购买"的观众。

哪怕是套餐组合令人扫兴、字幕格式毫不华丽，演出质量低到令人发指，只要介绍的是观众真心垂涎许久的商品，他们就会前去购买。总之，网络节目成功的要点在于能否在关键时刻精准地将你提供的信息、人设、表演传递给"想看这些"的观众。

如果错过了关键时刻，节目就会完全无人问津；但如果刚好抓住了这一关键时刻，你便可以以星火燎原之势越来越红。为了能够抓住关键时刻，就必须在平时仔细研究哪类人群会收看哪一种节目。

Point：利用网络电视在关键时刻将信息传递给想看节目的观众。

如何自我宣传更容易吸引媒体采访？

电视台究竟是如何制作出一档脍炙人口的好节目的呢？

最近，电视台也开始削减经费，他们的目标不是制作出耸人听闻的节目获取高收视率，而是希望自己的节目踏踏实实发展，观众反馈率高，并且能够为台里带来经济效益。

于是，"调查员们"开始活跃起来。

"调查员"既有电视台内部的工作人员，也有制作公司和广告代理商的员工。无论从属于哪一家公司，调查员们的工作都是一样的，都需要浏览大量网站调查网友反应，或是四处寻找人气景点，挖掘信息，预测某样东西应该会流行起来，便将其用作节目素材。

之后便是电视台的套路。

电视台通过节目企划和播出，令观众认为"原来现在流行这样的东西啊"，相信的人多了，这"流行"便成了既成事实。这一切都是电视台一手推动的。

电视台与"流行"的关系，类似于先有鸡还是先有蛋的问题，很难说得清楚，但结果是显而易见的：节目里介绍过的店家，必然会顾客盈门。

于是，对于从事与该"流行之物"相关生意的人而言，"能否加入电视台的套路"就成了他们能否抓住大好机遇的关键。

例如，某个新闻节目想要做一期"民族特色菜正流行"的特辑。

很多节目组内部基本上都有公关公司，节目组会收一些店家的广告费，将他们选入节目之中，顺带为店家进行宣传。但是，仅仅依靠这些交了广告费的店家有时不足以支撑起整台节目。

这时，如果一家有特点的泰国餐厅认真地准备了新闻稿，提交给了节目组，便极有可能被节目组采用。

这种情况并不仅仅适用于餐厅。

有时候，那些不容易被市场营销人员看在眼里的、非餐饮业的店家提交的新闻稿，反而更容易被节目组采用。

朝日电视台高田纯次担任主要嘉宾的《纯散步》、日本电视台周六早晨播出的《日本电车之旅》、东京电视台周日夜间播出的 *Complicated SUMMERS* 2 这类旅游节目大家看过吗？

这三档节目都是邀请艺人作为固定嘉宾漫步于某个小镇，为大家介绍小镇风情。介绍的内容必然是以餐饮店居多。

但是节目也不能只介绍餐饮店。即便是三餐之外介绍了甜点，整个节目流程也还是吃吃吃，毫无趣味性可言，因此节目组会希望能够编入一些其他的活动。

于是，制造有趣商品的工厂、小型美术馆、聚集了当地有志之士的社团组织等，就迎来了机会。

实际上，这类节目会采访形形色色的个人、团体以及企业，例如当地企业的商品开发部门、竹器工艺匠人、草裙舞舞者，或者是在附近公园拉小提琴的有趣的大叔。

既然如此，我们不如做一个整体性的营销提案。

例如，假设你在神乐坂经营着一家咖啡厅，只凭这些"标签"，店铺不够有特点，可能很难获得电视台采访的机会。

这时候，你需要到周围转一转，寻找可以成为节目素材的人事物，比如生产罕见商品的工厂，或是进行奇特活动的社团等。还可以再加上几家你个人推荐的餐厅，整体打包成新闻稿提交给节目组。

对于节目组而言，你的新闻稿节省了他们寻找素材的时间，算是帮了他们一个大忙。

还有一个加强版的方案，就是联系你店铺所在地的自治团体或商店街，由他们向电视台提交新闻稿。盖上了公共团体的公章，新闻稿的可信度自然也就提高了。

电视台前来采访会带动当地经济，自治团体和商店街当然非常欢迎。如果可以在地区整体的新闻稿中加入自己店铺的名字，当节目组真的采用了这篇新闻稿后，你的店铺也比较容易在节目中出镜。

因为工作的关系，我走在街上时常常会思考街边的各家店铺可以用作哪种类型节目的素材，即便那些店铺与节目都和我毫无关系。

站在节目制作方的立场思考问题，可以帮助我们制定人设宣传战略，是一种非常有用的思维训练，推荐大家使用。

而要进行这种思维训练，就必须要实际去看电视节目，在头脑中建立一个节目制作的模型。

Point：向电视节目制作组提交区域整体性的企划案。

即便没有预约，也能成功向媒体推销自己！

如何才能向电视节目组推销自己呢？

具体操作步骤稍后再提，此处先向大家介绍如何制作推销行动的"企划书"——新闻稿。

大家能否录制节目，完全取决于你的新闻稿。

在介绍新闻稿写作方法之前，请先思考一个问题：你应该把新闻稿递交给谁呢？

不必将答案想得过难。你只需要向电视台打一通电话，表达自己想要参加节目的意愿，询问对方应该将新闻稿送到哪里即可。

当然，最好的方法就是带着新闻稿直接去见制作组的工作人员。其实，电视台制作组的工作人员只要有时间，都会仔细阅读外部交上来的新闻稿。

我曾经陪着客户一起去名古屋电视台递交新闻稿。在此之前，我们完全不认识电视台的任何工作人员，只是打电话过去表示"我们马上就去贵台递交材料"，之后便在近乎无预约的状态下向电视台进行了一次自我推销。

我和客户到达之后，节目组负责对接的工作人员认真接待了我们，听取了我们的介绍。

诚然，也有很多工作人员并不像我遇到的那位一样认真负责，但你也完全没有必要在一开始就放弃努力，告诉自己"办不到"。

新闻稿交上去并不等于通过了节目组的审查，这段时间你除了观望别无他法。我与客户将新闻稿交给节目组时，恰好对方前两天刚刚播出了一期同样主题的特辑，于是只能拒绝："你们要是再早一些交过来就好了……"实在可惜。

不过，即便没被节目组采用，和工作人员聊一聊，也能知道对方想要收到怎样的企划案。

大家通常都认为"把新闻稿交上去后只用等着就好"，所以被拒绝之后很难想出下一步的对策，这时候和工作人员聊一聊，哪怕只是了解一下节目组的偏好，都是极大的收获。而且，如果对方说出"欢迎随时递交提案"，那么下次你有了新的企划，就可以走先预约再商谈的正式程序了。对于我这种职场人而言，能够和合作方建立起联系就是一种极有力的武器。

当然，如果你最初就知道节目组负责接收外部新闻稿的是哪位工作人员，最好还是先和对方联系一下。

例如，电视节目最后都会滚动播出工作人员名单，清楚标出你可以试着向这些工作人员写信说明自己的情况，说不定就可以获得上节目的机会。

最近，越来越多的电视行业从业人员开始参加市面上普通的学习班或交流会。实际上，我自己就在学习班、大型交流会上遇到过几次节目编剧和制作公司的工作人员。如果大家遇到了这样的机会，请一定要好好把握，主动上前联系对方："如果我今后有了有趣的企划，可以送到您那里去吗？"

除了电视行业从业人员，遇到出版社编辑、网络博主、YouTuber（视频博主）等手握有影响力媒体的媒体人，也是同样的应对方法。广阔的人脉是自我推销时的强大助力，这一点对于所有工作都适用。

而那位我曾经陪同他一起到名古屋电视台递交新闻稿的客户，终于在 2018 年 8 月，接到了电视台的采访。虽然采访的日子距离他第一次拜访电视台工作人员的那一天相隔了一年半的时间，但正因为他当初勇敢迈出了那一步，抓住了工作人员的心，才获得了梦想已久的上电视的机会。

Point：直接的方法有时竟意外有效。

如何撰写一篇反响热烈的"新闻稿"

交给节目组的新闻稿应该如何编写呢？

对于从未接触过新闻稿的新手而言，最有效的学习方法就是看一看真正的新闻稿是什么样的。

因此，后文刊登了几篇节目组实际收到的新闻稿，为大家提供参考。

Press Release

致各位新闻负责人

2015 年 9 月 14 日
和田画廊

爱护动物周:"隐藏在墨纹中的动物"主题画展即将开展

画展期间将出售限量版动物绘画明信片

新锐艺术家 SAITO MIKI 将于 9 月 15 日起在和田画廊举办个展。SAITO MIKI 一直致力于挑战古典与现代的融合,尝试利用古典绘画材料——墨,诠释现代美术作品。她的动物绘画作品在全美艺术竞赛中得到极高的评价,荣获特等奖。此次画展除展示 SAITO MIKI 的最新作品外,还将出售爱护动物周限量版明信片。9 月 26 日和田画廊还将举办艺术家交流活动,欢迎到店参加。

SAITO MIKI 1985 年出生于日本兵库县,美术家。多部作品入选全美青年艺术家美术展,并荣获特等奖,前途无限。她利用日本传统的流墨①技法,创作出别具特色的《隐藏在墨纹中的动物》系列作品,广受好评——"动物温柔的目光打动人心""画作令我回忆起了看着云彩,把它们想象成各种动物的童年时光"。SAITO MIKI 自 2014 年起开始在日本活动,2015 年在东京 ANA INTER CONTINENTAL 酒店举办了个展,在麴町展会上举办了双人展,积极展现个人才华。

墨纹中浮现的动物们,拥有神奇的表情,激发观众的想象力,感受解密的乐趣。不同的人在画作中可以看到不同景象,不知不觉就会迷醉于动物们不可思议的眼神中。SAITO MIKI 自幼时起便非常喜爱动物,她将这份热爱融入自己创作的画作之中,画中的动物仿佛也有了生命,似是在诉说着什么。

SAITO MIKI 和田画廊个展期间恰逢日本的爱护动物周,通过她的画作,观众们能够享受到与动物们对话的乐趣。个展期间,和田画廊还将于 9 月 26 日举办艺术家 SAITO MIKI 见面会,方便观众与艺术家交流,倾听艺术家创作背后的趣事以及对于作品的想法,欢迎各位前来参加。由于画作售价较高,画廊还为喜欢 SAITO MIKI 作品的观众准备了爱护动物周限量版明信片,欢迎购买。明信片的一部分收入将捐赠给"非营利性组织对马豹猫保护协会"。

【SAITO MIKI "Celestial Crossing(天体的十字路口)"画展概要】
日期:9 月 15 日(周二)—10 月 03 日(周六),时间:周二—周六 11:00—18:30(周日、周一及法定节日 闭馆)
会场:和田画廊 邮政编码:104-0028 东京都中央区八重洲 2-9-8 近和大厦 302
来场方式:东京 METORO 地铁 京桥站出发步行 1 分钟可到 * 开展期间任何人均可免费入场参观。

< 采访事宜联系方式 >
邮政编码:104-0028 地址:东京都中央区八重洲 △—△
TEL:03-3231-××× 负责人:○○
Email:info@××.com URL:http://××.com

① 在水面写字或绘画的方法,将小豆粉、黄檗、明矾包在麻布里,用水浸湿,用此在纸上写字或绘画,然后把纸浮在水面上,轻轻戳一下,纸就沉下去,只有字或画残留在水面上。——译者注

新闻稿
致向日葵网
JIMOSATA 节目组负责人

2015 年 10 月 20 日
小野田石材有限公司
董事长 小野田大治

"良石日"石臼打年糕体验会

　　小野田石材有限公司（地址：丰田市宫上町 4-76，董事长：小野田大治）将于 11 月 14 日举办打年糕体验会，会上将使用我们生产的石臼打制年糕。

　　每年的 11 月 14 日是日本的"良石日"。日语中的"1、1、1、4"发音为"yiqi、yiqi、yiqi、xi"，与"良石（yi yi i xi）"相近，因此山梨县石材加工行业协会于 1992 年将 11 月 14 日定为"良石日"。自"良石日"确定以来，我们每年都会在这一天举办与"石"相关的活动，介绍以墓石供养祖先的文化以及石材加工技术。今年的"良石日"恰逢周六，我们将举办打年糕体验会，邀请大家一同体验用石臼打制年糕。

　　体验会上，小朋友及他们的家人将会一起围在直径 60 厘米、高 20 厘米的石臼边打制黄豆粉年糕和酱油年糕。年糕总重量 6 公斤，可供 100 人食用。

　　今年是小野田石材有限公司创建 70 周年，我是第三代经营者。大约在 25 年前，贵台曾经采访过石臼打年糕活动。我当时还是学生，看到父亲接受当地电视台的采访，心中自豪极了，直至现在，我依然记得当时的心情。"JIMOSATA"节目是为本地活动应援的优质节目，非常希望能够有机会登上贵节目的舞台。

——石臼打年糕体验会——

时间： 2015 年 11 月 14 日（周六）10：00-12：00
地点： 小野田石材有限公司
（邮政编码：471-0038 爱知县丰田市宫上町 4-76）
内容： 当地居民体验用石臼打制年糕
免费分发黄豆粉年糕、酱油年糕（仅限前 100 名）

　　希望通过打制年糕这项活动，使当地的小朋友们了解到正逐渐消失的日本传统风俗习惯。此外，大家齐心协力打制年糕，还可以锻炼意志力，增强家人间的凝聚力。

　　如果贵节目组前来采访，可以和大家一同体验打糕活动，分享新鲜制作的美味年糕。（打年糕石臼的详情请见：http://www.onoishi.jp/sp/usu.html）

———— <采访事宜联系方式> ————
小野田石材有限公司 负责人：董事长 小野田大治（ONODA DAIJI）
TEL：0565-32-2427 手机：090- △△△△ - ××××
FAX：0565-32-2519 Email：info@onoishi.jp

主标题中未提到的重要内容可以用副标题补充："首家"

简报
致新闻稿负责人

2015 年 11 月 25 日
FP 咨询中心 资金 & 职业
大内优

宠物问题咨询网站——"宠物咨询中心"成立

——理财顾问（FP）行业的首家专门接待宠物问题相关咨询的网站——

"FP 咨询中心 资金 & 职业"（总店：千叶县船桥市夏见 6-12-20-609 负责人：大内优）成立了专门处理宠物相关问题的咨询网站——"宠物咨询中心"。理财顾问专门接待宠物相关问题的咨询，这在业界尚属首次。

"FP 咨询中心 资金 & 职业"于 2014 年 9 月成立，主营业务包括重新评估家庭收支与住宅贷款、理财咨询等。前来咨询的客户中，有不少人的问题与家中的宠物相关。咨询的内容也是多种多样，既有"希望您能介绍一家专门翻修狗屋的建筑公司"这样的要求，也有"由于不能将家中的爱犬与爱猫一起带到新的工作城市，我甚至放弃了升迁的机会。如果我今后遭遇不测，有什么方法可以为我的宠物们留一笔钱供它们继续生活吗"这样的问题。

所有咨询宠物相关问题的客户都坦承："周围没有一个人可以和我商讨关于宠物的花费、健康、生存意义等问题。"

我们成立宠物咨询中心网站，就是为了解决这类客户的烦恼。宠物咨询中心网站除向宠物主人提供各类与宠物相关的信息之外，还提供线上咨询与线下咨询服务，为因自家宠物而烦恼的主人分忧解难。

希望我们的工作能加深主人与宠物间的情感与羁绊，引起宠物经济领域专家对相关问题的重视，为主人提供更多更好的宠物服务。

我们十分期待能够通过媒体与大家分享一些宠物咨询中心接待过的实际案例。如果贵节目组对某些案例感兴趣，想要了解一些现代宠物的资讯，欢迎前来采访，我们将深感荣幸。

用"高亮"强调重要内容

明确写出将来的目标

< 采访事宜联系方式 >
FP 咨询中心 资金 & 职业（宠物咨询中心）负责人：大内优（OUCHI YU）
TEL: 0120-783-536 手机: 090-2933-0168
FAX: 047-413-0423 Email: ouchi@money-career.jp
宠物咨询中心网址: http://www.pet-consul.jp

致各位新闻负责人
新闻稿

2016 年 6 月 12 日
Palmtone Records

【京都发布！】清风助力，J 联赛[①] 晋级冲冲冲！

BB GIRLS 发布最新单曲《风之梦幻球员》，为当地球队"京都 AC"应援

——高人气前锋冈本秀雄参演宣传片——

我司旗下艺人组合 BB GIRLS 于 2016 年 4 月发行了第三张单曲《风之梦幻球员》，虽然已经过去了两个月的时间，依然拥有超高人气，目前各大广播节目中仍在频繁播放这首单曲。

BB GIRLS 由田岛由佳（TAJI）与万木嘉奈子（KANA）二人组成，田岛由佳唱功卓然，万木嘉奈子则是时尚潇洒的键盘手。2013 年 7 月，二人发行了第一张单曲《我愿仍然是女孩》，正式以组合形式出道。

之后二人在广播电台 FM GIG 的节目《我愿仍然是女孩》中担任主持人，以京都为中心展开活动。

这一次 BB GIRLS 发行了首支以足球为主题的单曲《风之梦幻球员》，唱出了运动员"百折不挠，不畏失败的坚毅精神"。目前京都最有名的球队有两支，其一是 J2 联赛[②] 的"京都不死鸟"，另一支是所属关西职业足球联赛的"京都 AC"。"京都 AC"目前正为了晋级 J 联赛努力拼搏。《风之梦幻球员》表达了球迷对"京都 AC"能够顺利晋升进入 J 联赛的美好祝福。

单曲的宣传片邀请到曾经参加过 J2 联赛的"京都 AC"高人气前锋冈本秀雄参与演出，展现不逊于正式比赛的华丽球技。

很多音乐宣传片都曾邀请运动员出演。歌手夏奇拉演唱的上届世界杯主题曲《La la la》的宣传片中就出现了梅西、内马尔等超级足球巨星。棒球选手田中将大（现服役于纽约洋基队）也曾出演 FUNKY MONKEY BABYS 的《再流下一滴泪》的宣传片，为观众带来梦想与希望。

此次的《风之梦幻球员》宣传片聚集了京都地区著名的音乐家与运动员，希望可以为观众带来挑战自我的勇气。

希望各位媒体同仁能够支持《风之梦幻球员》这首歌，共同为京都即将诞生的第二支职业足球队应援。若贵台需要采访或播出《风之梦幻球员》相关内容，我们将提供采访、视频留言、PV 花絮等素材，欢迎前来联络咨询。

< 采访事宜联系方式 >
Palmtone Records 宣传部 负责人：曾我未知子
Email: soga@fm-gig.net TEL：080- △△△△ - ××××

---

① J 联赛，日本职业足球联赛。——译者注
② J2 联赛，日本职业足球联赛次级联赛。——译者注

新闻稿

2018 年 3 月吉日
媒体活用研究所

致各位新闻负责人　　　　新书发售通知

认知功能障碍可以自愈

脑科专家发明的"OK 手指操"效果卓群

竹内东太郎（东鹫宫医院 高级脑功能中心主任）著 MAKINO 出版社
3 月 16 日发行　定价：1300 日元＋税

重塑脑神经通路，恢复大脑认知功能！

东鹫宫医院高级脑功能中心主任竹内东太郎（TAKEUCHI TOUTAROU）医生的新书《认知功能障碍可以自愈》（MAKINO 出版社）即将出版发行。书中介绍了脑科专家竹内医生发明的"OK 手指操"。

"OK 手指操"能够在运转能力衰退的大脑中创建新的神经通路（信息传递通路），从而改善认知功能障碍的病情，被称为"魔法操"。动作非常简单，只需要随音乐动一动手指与脚趾，老年人和残疾人也可轻松做到。

迄今为止，不断有血管性痴呆到阿尔兹海默病患者传来好消息，称自己通过练习"OK 手指操"，改善了认知功能。此外，引入此锻炼法的养老院也反馈称，"OK 手指操"有趣又易上手。书中详细介绍了患者本人与家人的喜悦之情。

书中还介绍了手术治疗认知功能障碍的最新治疗方法。过去大家都认为"认知功能障碍无法治愈"，希望本书能够为读者带去战胜疾病的勇气与希望。

【作者简介】
竹内东太郎（TAKEUCHI TOUTAROU）1948 年生于日本东京，1972 年毕业于日本大学医学部。历任骏河台日本大学医院脑神经外科主任、东松山市立市民医院脑神经外科部长、南东北医疗中心院长、行田综合医院院长、小金井太阳医院院长、本川越医院院长等职务，现任东鹫宫医院高级脑功能中心主任，致力于特发性正常压力脑积水等大脑认知功能疾病的诊断与治疗。

【书中介绍了多例认知功能恢复的病例！】
・丈夫重获活力，脑梗死后遗症也有所减轻！
・母亲重燃对数独游戏的热情！
・岳母摆脱轮椅独自走路！
・令母亲心烦的混沌朦胧全部消失！
・妻子重做家务，回归普通生活！

*如果贵节目需要采访作者或拍摄"OK 手指操"练习过程，欢迎联系我们。

＜采访事宜联系方式＞
媒体活用研究所　负责人：大内优（OUCHI YU）
邮政编码：101-0047　地址：东京都千代田区内神田 3-18-4 第一杉本大厦 201
TEL：03-5244-4820　Email：ouchi@money-career.jp

致名古屋电视放送株式会社
"如何如何"节目周四"流行美物"环节
制作人 ○○先生

只需橡皮筋绑脚趾，即可拥有纤细的美腿！

瘦身赶在夏日前！日本最简单减肥方法——"橡皮筋美容法"，懒散主妇也能轻松完成！

Fée de pied 美体护理沙龙（地址：爱知县三好市○○，负责人：铃木优子）拥有 30 年美体美容护理经验，帮助女性美体塑性（瘦腿、姿势矫正、减肥等）。要实现美体塑性，通常都需要借助昂贵的仪器、食用保健品，或是进行高负荷的运动，但是本店只需要橡皮筋。只需将橡皮筋缠在手指和脚趾上，就可以帮助你实现理想体型。爱知县内只有本店可以进行橡皮筋美容。

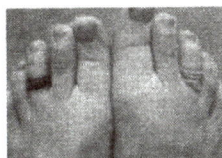

橡皮筋瘦身效果前后对比

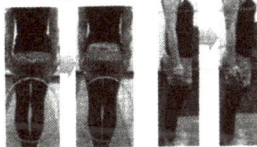

橡皮筋美容法的发明者是秋元惠久已女士，因此这套美容法也被称为"秋元氏瘦腿法"。腿的形状并不是天生的，后天的肌肉使用方法会使腿型发生变化。因此，我们可以利用橡皮筋矫正使用过度的肌肉，从而达到瘦腿的目的，还可以改善血液循环，实现整体瘦身。迄今为止，本店已成功为顾客改善了 O 型腿、X 型腿、双腿浮肿、双腿发寒等问题，一周大腿围减少两厘米，六周裤子尺码减少两个号。

任何橡皮筋都可以用来进行橡皮筋美容，超市绑便当的橡皮筋、平时绑头发的橡皮筋均可。每天只需十分钟，无论你是工作繁忙还是年事已高，都可轻松做到，堪称"日本最简单的减肥法"。社会上有许多瘦腿的方法，而橡皮筋美容法最大的特征就是，只要矫正过一次，就可以一直保持美腿的效果。

读小学的时候，朋友曾问我："你的腿为什么是弯的？"自那之后，我一直对自己的腿很自卑。即便减肥成功，腿还是没有变直，而且瘦身没多久就又会变胖，反复多次，身体都垮了。就在那时，我遇到了橡皮筋美容法。这种方法效果明显，不仅成功瘦身，还解决了我一直很自卑的双腿问题。很多女性都有和我相同的问题。因此，希望可以邀请贵节目到店采访，向大家介绍这种轻松简单的瘦身方法，使东海地区越来越多的女性变得自信又开朗。采访时可以实际体验橡皮筋美容法，只需十分钟就可以有明显的效果。如果您想要采访本店客户，可以来店或来电洽谈，我们将全力配合您的采访要求。

———— ＜采访事宜联系方式＞ ————
Fée de pied 美体护理沙龙　负责人：铃木优子
爱知县三好市○○　TEL：○○－△△△△－××××　手机：080－△△△△－××××
Email：○○○＠△△.jp　HP：http://www.△△△△△△.jp

或许会有很多读者认为上面这些新闻稿未免过于简单。

其实真正的新闻稿就是如此，原则上内容不超过一张 A4 纸，相比企划书、报告书要简单得多。

反言之，如果新闻稿的内容过多，超过了一张 A4 纸，忙碌的媒体工作人员根本不会去看。因此，制作新闻稿的一个大前提，就是要在版面设计上"抓人眼球"。

但如果认为"新闻稿只需要一张 A4 纸的内容而已，写起来还不是轻轻松松"，那就大错特错了。

新闻稿的编写方必须要将自己的宣传点浓缩在这短短的篇幅之内，这需要一定的品位与才华。

下一页的新闻稿模板可以为大家提供一种写作思路。

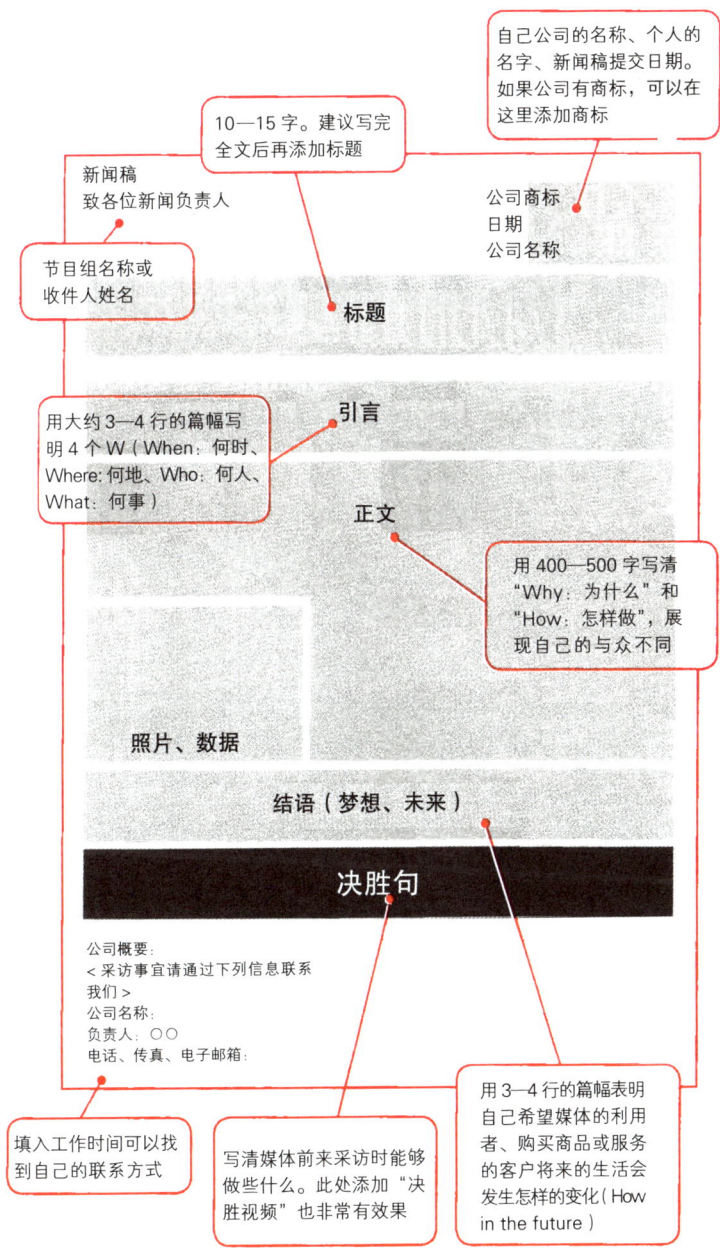

自己公司的名称、个人的名字、新闻稿提交日期。如果公司有商标,可以在这里添加商标

10—15 字。建议写完全文后再添加标题

新闻稿
致各位新闻负责人

公司商标
日期
公司名称

节目组名称或收件人姓名

标题

用大约 3—4 行的篇幅写明 4 个 W(When:何时、Where:何地、Who:何人、What:何事)

引言

正文

用 400—500 字写清 "Why:为什么" 和 "How:怎样做",展现自己的与众不同

照片、数据

结语(梦想、未来)

决胜句

公司概要:
< 采访事宜请通过下列信息联系我们 >
公司名称:
负责人:○○
电话、传真、电子邮箱:

填入工作时间可以找到自己的联系方式

写清媒体前来采访时能够做些什么。此处添加"决胜视频"也非常有效果

用 3—4 行的篇幅表明自己希望媒体的利用者、购买商品或服务的客户将来的生活会发生怎样的变化(How in the future)

下面简单说明一下编写新闻稿的注意事项。

1. 一份新闻稿中不要加入太多的素材

新闻稿的内容并不是推销"企业或个人"，而是推销"想要介绍给对方的素材"。有些人在写新闻稿的时候总想要把自己平时所做的业务全部塞进去，这个点也要写，那个点也要写，若是要写的素材这么多，那就请再另写一篇新闻稿。

2. 标题简明扼要

无论是书籍、电子邮件广告还是纸质广告，标题都是攸关性命的重要存在。

请大家牢记一点：通常来讲，给自己写的内容起标题，是希望吸引大批读者"阅读"或是"购买"。本书之所以起这个标题，同样也是希望能有很多人看到标题后把它买回家。

然而节目制作者看新闻稿时最讨厌的就是这种"为了销售而起的煽动性标题"。

因为节目播出的目的，并不是为了帮你宣传生意，而是为观众提供客观的信息。

宣传要素是节目组应该极力排除的东西。

因此，简明易懂地传递事实信息是新闻稿题目成立的大前提，以本书为例，如果要针对本书写一篇新闻稿，标题应该是"今后人设将成为生意成功与否的关键""利用人设营销的时代终于到来"等虽然无趣却通俗易懂的文字。

标题尽量控制在10—15字之间，重点在于要简明扼要地总结出新闻稿的内容。

我在学习班上都会建议学员们将新闻稿完成之后再添加标题。

一般来讲，都是先写标题再写文章，但因为新闻稿的标题是"正文的概要"，所以最后再添加比较好。

3. 引言用3行篇幅写明"4个W"

标题之下是"引言"，简要总结正文的内容。引言的篇幅与第2章介绍过的个人简介的篇幅相同，以每句60字、总体3—4行为宜。

引文的重点，是"4个W"。

* When（何时）

* Where（何地）

* Who（何人）

＊ What（何事）

反言之，只要读者能读懂这 4 个 W 分别是什么，引文的使命就结束了。引文中不要添加任何奇怪的煽动性语句，只要平淡地传达事实便好。

4. 正文中要加入"自己的想法"

写文章通常要遵循"5W1H"原则，既然"引文"部分已经写明了"4W"，留给"正文"的就只剩下"1W1H"。

＊ Why（为什么这样做？）
＊ How（你是如何做的？）

这两项内容恰恰是新闻稿作者自己的"想法"，是在向读者解释"想法"得以实现的来龙去脉。篇幅不要过长，400～500 字为宜。

不过，一旦开始列举自己的"想法"，文章很容易就会变成宣传自己和生意的硬广告。

这里告诉大家一个写作窍门：尽量客观陈述，特别是介绍商品或服务时，要明确写出"目标客户是哪类人群"。加入一些统计数据或小故事（诞生秘闻）也很有效。

5. 利用"照片 + 视频"加深读者印象

在新闻稿中添加照片，可以令读者更加快速、直观地了解作者想要表达的内容，效果极佳。

而且新闻稿的读者自身就是运用影像传达信息的专家，如果可以了解"能够实际拍摄到什么内容"，节目制作时也会更容易一些。介绍店铺、商品、活动时，请在新闻稿中添加去年拍摄的照片，令读者可以立即明白正文所描述的是怎样的情景或物品。

添加视频效果更佳，毕竟对方就是用影像来制作节目的。

当然，新闻稿不能真的添加视频，但是可以添加视频链接。例如，提前将视频上传到 YouTube，再将视频网址或二维码加入新闻稿，这样能够增加对方去看视频的概率。

如果是直接当面呈交新闻稿，我会将提前录制好的 DVD 一起交给对方。就我的经验而言，"新闻稿 + 视频"的组合效果非常好，不过若是节目组对于新闻稿的主题自身没有兴趣，那就无计可施了。

6. 最后添加一段"决胜句"

正文之后是"结语",简要写一写"对未来的展望"。

例如,"希望使用服务的客户将来会发生怎样的变化""希望社会发生怎样的改变"等。如果是餐饮店,可以写"希望大家了解○○的味道,生活更加幸福"。

"结语"之后,要再加一句话,写清"节目组来采访时可以做些什么",我将其称为"决胜句"。

大家可以依据自己的实际情况套用文案模板:"如果贵节目组前来实地采访,可以进行○○活动。"

例如,餐饮店的决胜句可以是"可以试吃"或"我们准备了用于拍摄的全套餐点"等。

"记者朋友可以体验我们的服务。"

"可以采访我们的客户。"

"我们为节目嘉宾准备了试用品。"

"可以将商品带回摄影棚。"

以上这些"决胜句",展现了体贴与关怀,能够打动节目制作人的内心。

7. 注意不要出现含混不清的词句和错字、漏字

最后要提醒大家一项非常基本的问题——不要出现错字、漏字。

此外，还要避免使用"大量""多样"这种含混不清的表达方式，尽量使用具体的数字。

我很理解大家的心情，对于自家的销售额、来客量没有自信时，措辞就会下意识地含混起来。

可是如果节目组对新闻稿感兴趣，还是会深挖这些含糊的部分，要求你给出一个准确的回答。与其问一句答一句，损害自身在节目组心中的形象，还不如一开始就将这些信息开诚布公地写在新闻稿中。

Point：按照模板编写新闻稿。

能够取悦媒体的四个关键词

包含电视台在内的所有大众媒体都特别喜欢在新闻稿的文案中看到几个固定的关键词。

如果你恰好可以使用这些关键词来描述自己的情况，向电视台自我推销时就会非常顺利。

1."○○首次"

"日本首次""世界首次""业界首次"等。

"史上最年少""史上最强"等"史上○○"系列的表述也很有效。总之，所有表述"第一名"含义的词汇都对大众媒体有着强烈的吸引力。

但是请注意一点：自称"○○首次"一定要附上根据，否则便是谎言。

2."○○发布"

"滋贺发布""山梨发布"等"○○发布"这一类表述方式在邀请当地电视台的节目前来采访时尤为有效，能够给人一种"立足当地，剑指全球"的感觉。

3. "时隔○○年"

媒体特别喜欢使用"时隔○○年"这一表达方式。例如，2018 年 6 月大阪发生了大地震，当时媒体将就其描述为"时隔422 年的断层活动"；同年 7 月，法国在俄罗斯世界杯中夺冠，媒体在报道时使用了"时隔 20 年再次夺冠"这样的字眼。

这是因为这种描述方式可以给人一种"意料之外、情理之中"的形象，暗示事件的发生虽然有些出人意料，但也有其必然性，有种"之前隐藏在表面之下的种种原因，终于浮现在世人眼中"的感觉。

而且看到这样的描述后，节目组可能还会在节目中加入回顾企业历史的内容。

此外，"连续○○年"这种宣传持续性的表述方式也是能够吸引媒体前来采访的要素之一，你可以在新闻稿中用这一句式积极地宣传企业业绩，如"收益连续十年增长"。

4. "明明○○，但是却△△"

能够引起全民讨论热潮、收获良好口碑的要素之一，就是"反差"。

例如，"明明是烤鸡肉串的小店，但是却很时尚""明明是大蒜，但是却没有蒜臭味""明明是女大学生，但是却成了一位建筑工人"等。

大家应该深有体会，上述种种反差特征，很容易成为媒体报道的对象。如果你能够在新闻稿中积极渲染商品或服务的反差特征，就可以收获很好的效果。

经过我本人的总结，具有以下特点的素材容易成为媒体报道对象：

＊ 之前从未出现过的新服务。

＊ 能够刺激地方经济发展。

＊ 能够救助儿童、老人、残疾人等弱势群体。

＊ 具有意外性。

＊ 能够令社会生活变得更加方便。

＊ 在国外广受好评，具有国际性。

＊ 瓦解一直以来的固有观念。

＊ 节能环保。

＊ 传统商品或服务。

＊ 可以消弭世代隔阂，连接老年人与年轻人。

＊ 令在众人背后付出努力的工作人员走入大众视野。

＊女性在职场大显身手。

＊应季的素材。

＊能够为众多人带来快乐。

更加详细的信息，请移步拙作《小型店铺、企业、自由职业者的"电视媒体活用法"——7条规则教你如何成功》（日本同文馆出版社出版），书的核心内容就是活用电视媒体的各种小技巧。如果您想更深入地了解新闻稿编写的相关知识，欢迎购买阅读。

Point：学会使用令媒体动心的表述方法。

向媒体自我推销时绝不可做的三件事

当你向媒体递交新闻稿或以其他方式推销自己时，一些行为很容易会使对方迟疑是否应该将你提交的素材用于节目之中。

电视台、广播、出版社、网络媒体都是如此。

有非常多的人因无意中犯了媒体的忌讳而失败，因此提前了解"媒体讨厌什么"很有必要。

1. 推销行为过于明显

前文中提到过，媒体在节目中介绍你，并不是真的为了宣传你。因此，如果你推销自家商品、服务的行为过于明显，就会遭到节目组的厌烦。

2. 字里行间全部是关于商品或服务的详细信息

特别是在媒体上介绍自家商品时，很多业者都会想要将重点放在商品的功能或价格等细节方面。

我很理解业者希望详细介绍自己产品的用心，但是这些内容过于枯燥，很难留住观众，因此媒体并不是很喜欢这种类型的采访。

在介绍产品时，最好还是简单明了地介绍它的卖点，令观众可以瞬间了解到它的优势所在。

3. 言辞激烈地批判其他公司

媒体是一种中立的存在，与所有人都是非敌非友的关系。

即便其他公司拥有与你相近的商品或服务，是你的竞争对手，但于媒体而言，它只是客户之一罢了。而且如果你批判的公司之后成了该媒体的赞助商，更是会为其引来大麻烦。

在 SNS 或博客上发布信息时也是同样的道理，无论你的商品或服务与对方相比如何优秀，只要言语间流露出批评之意，就会得罪了对方的粉丝。

希望大家在籍籍无名时期开展宣传活动时，多多注意自身言行，尽量不要引发某类群体的负面情绪。

> **Point：不做明显推销行为、不进行过多枯燥说明、不批评其他公司。**

讨媒体喜欢的人与被媒体嫌弃的人

能够讨媒体喜欢的另一个重要因素就是速度。

这是因为电视台必须在提前确定好的时间段播放相应的节目，很多时候需要迅速将节目制作完成。而且对于商品或服务而言，即时性也非常重要，不宜拖拖拉拉。

因此，一旦节目组采用了某个新闻稿，确定要前去采访，通常会立即打电话通知采访对象约定采访时间——"我们今天晚上过去可以吗？"或是"明天可以过去采访吗？"

这时如果采访对象回答"今天没办法接受采访"或是"我需要确认一下才能给您回复"，节目组往往便会直接更换采访对象。

虽然节目组的行为看上去有些不顾及对方感受，但如果不这样去做，节目就会无法按时播出。

如果你想要借助媒体推销自己，就不得不考虑对方的时间安排。

提前电话通知还算好的，至少还留有准备的时间。最近许多节目为求真实，根本不与采访对象提前联系，直接前去采访，避免"表演""作秀"。

此时，若是小企业的员工对前来采访的节目组称"社长现在不在公司，没有社长的许可我无法接待诸位"，节目组便会立即转战他处。

媒体需要对方当下做出决定，表示是否接受采访，他们不关心下决定的人是社长还是临时工。

为了不错失采访机会，你首先要在公司内部制定好一套"媒体来访应对操作规范"。

"规范"要明确公司的哪些区域、哪些信息允许拍摄采访，如此一来，任何员工都可以对前来采访的节目组给出"OK"的回答。如果能够提前确定好怎样的节目可以无条件许可采访拍摄，便不会错失良机。

实际上，录制电视节目也会招致一些风险。

例如，在节目中介绍了已经决定终止的服务，导致客户上门后无法满足其需求；或者是商品没有库存，客户投诉蜂拥而至……

为避免此类状况的发生，大家有必要对公司员工明确"哪些东西可以在媒体上介绍""哪些东西不能在媒体上介绍"。

当然，公司内的环境要时时保持可以接受采访拍摄的状态，这一点也非常重要。

如果卫生状况差、店员态度差、上司言辞激烈训斥下属等画面在节目上播出，很可能会招致恶评，为企业带来致命的危机。

有些人平时房间乱七八糟，一旦男女朋友忽然提出"我想到你家看看"，便只能拒绝。为了迎接随时会来的恋人，就必须每天将房间打扫得干干净净。同理，想要顺利迎接节目组的采访，就必须时时确保公司的环境处于可以向外人公开的状态。

本章向大家介绍了借助媒体自我宣传的方法，主要以电视节目为中心展开叙述。

不过，你参与的节目多少要和自身生意有一定的关系。否则，参加再多的节目也没办法促进生意发展。街头随机采访自然是无法完整表达出你的主张，可即便是正式的采访，最终呈现出的结果如何，也要看节目组的意思。如果节目组没有打算将你提供的信息传递给观众，那这次采访就毫无意义。

可就算是你说什么节目组就播出什么，也依然没有办法自由表达，这就是现实。

如果想要自由地表达自我，方法只有"创建自己的媒体"这一项而已。下一章将会详细介绍这一方法。

Point：提前做好应对媒体的准备，确保任何员工、任何时间都可以接受采访。

你的影响力可以设计

キャラがすべて！　メディアを使いこなして、自分自身を
売り続ける方法
第五章　创办粉丝圈，开启无限可能

一种通用性粉丝圈

近来，一款人设贩卖辅助工具——"线上沙龙"迅速崛起，使用人数大幅增长。这款"线上沙龙"究竟是何方神圣？

它可以理解为是一种融合了"电视节目"与"SNS"二者优势的网络媒体，在那里既可以看到如电视节目一般真人出镜的视频，也可以像在SNS上一样一对一进行交流。

它是一款网络交流工具，基本上只有付费成为会员后才可以使用。用户可以上传录制好的视频，也可以直播。

总之，"线上沙龙"为你提供了一处场地，聚集于此的人全部都是被你的人设吸引而来的，你可以直接向他们发送信息，或与他们进行交流。

当然，付费成为会员就等于"成为你的客户"，你可以从中获得收益，这就和学员交费参加学习班的模式一样。因此，线上沙龙可以说是将人设直接变现的最简单、快捷的手段。

现在使用人数最多的线上沙龙平台是DMM线上沙龙。DMM平台上有两个非常有名的个人线上沙龙，一个是有"堀江A梦"之称的堀江贵文所开设的"堀江贵文创新大学（HIU）"，另一个是高颜值美食家、搞笑组合 UNJASH 成员渡部健的"悄悄告诉你——渡部健珍藏好店大公开"。虽然这两者的会费都不便宜，但却成功吸引了数百至数千名会员。

我自己也参与了几个线上沙龙的运营。

其中规模最大的一个，是与原吉本兴业经纪人大谷由里子合作开设的"商务艺人培育大学（BTA）"。

它是一个商务类的线上沙龙，旨在"将想要出名的人变为真正的名人"，会员加入进来，是希望学习到本书前几章介绍过的那种"创建人设、贩卖人设的方法"。会员们还会自发活动起来，在全国各地轮流召开"例会"。

线上沙龙既像是一个粉丝圈，也像是一个拥有相同目标的人所组成的社团。由于活动是在网上进行，住得再偏远也可以毫无顾虑地参加，不用担心时间和场所的限制。我运营、制作的线上沙龙中，就有一些住在澳大利亚、美国夏威夷、中国台湾、菲律宾宿务岛等地区的海外会员。

对于那些感觉你"很有趣"的人而言，他们即便没有购买过你的商品、体验过你的服务，也可以参加你的线上沙龙。

加入线上沙龙在某种程度上和订阅电子邮件广告有些类似，但是在线上沙龙能够结交到更多兴趣相投的朋友，还可以通过视频看到沙龙运营者的表演。线上沙龙可以说是一种通用性非常强的媒体，可以和各种活动进行联动。

Point：线上沙龙蕴藏着无限可能。

粉丝圈的四种类型

线上沙龙人人都可以自由创办，并没有任何必须要遵守的规则。

线上沙龙平台为例，沙龙运营者需要将沙龙收入的 25% 支付给 DMM 公司。

如果沙龙没有什么收入，支付给 DMM 公司的费用也相应较少，且在沙龙开办初期无须缴纳任何费用。因此，任何人都可以在平台自由开设线上沙龙，无须因启动资金而困扰。

因为手续简单，我自己也开设了一个个人线上沙龙，用来进行测试营销（Test Marketing）。

该线上沙龙会费每月只需 980 日元，非常便宜。每次我有了新的想法，都会在上面发布，观察会员们有何反应。如果感觉某个想法"还不错"，就会把它正式搬上市场。

沙龙的会员可以抢先一步接触到我发布的消息，对我的业务感兴趣的会员也可以在这里寻找到有用的信息。

如上所述，线上沙龙的使用方法多种多样。就"推广人设"这一方面而言，线上沙龙可以分为四种类型。

分别是"商务型""副业型""兴趣展示型"和"兴趣应援型"。

大家可以选择开设其中任何一种类型的线上沙龙。下面对各个类型的特点做一个说明。

1. 商务型线上沙龙

商务型线上沙龙销售的是你自己制作的内容。这是最基本的线上沙龙形式，也很容易获得收益。

我运营的个人商务沙龙基本上也属于这一类型。

沙龙标题是"与阿优一同解决难题！——电视与其他媒体的使用方法"，活动形式主要为学习班，我会解答会员们的各种提问。

我也会将线下学习班的现场视频上传至该线上沙龙。未能参加学习班的会员可以随时在线上沙龙观看视频，并与我进行交流。

只要你掌握了某种能够开班授课的行业知识或行业技巧，就可以开设这种形式的线上沙龙。

你的工作是"教课"，课程内容无所谓，从料理到运动全部都可以。

其实，办学习班最难的是"招揽客户"。

即便你租借了会场，邀请大家参加，最后也没有几个人会到场。

但如果你利用网络举办"线上"学习班，就可以从日本全域招揽客户。由于没有时间上的限制，客户可以选择自己合适的时间参加，因此目标阶层骤然拓宽。而且开设线上沙龙之后，还可以上传过去相关活动的视频，将自己编纂的手册、资料书等指定为教科书卖给会员，拓展业务范围。

甚至还可以从简单的"授课"起步，逐步发展为一对一咨询，将生意做大做强。

诚然，招揽客户加入自己的线上沙龙会员并不是那么简单的事情。但是开设线上沙龙本身无需任何花费。既然线上沙龙起步的风险为零，那也就无须害怕失败。

2. 副业型线上沙龙

由于开设线上沙龙风险为零，所以上班族也可以利用节假日进行经营，依靠自身人设创建小型社区。这就是"副业型"线上沙龙。

如果副业型线上沙龙获得了公司的认可，也有可能转变为"半副业型"。负责本书出版业务的 Kizuna 出版社小寺裕树主编，除了本职工作之外，个人还运营了一个线上沙龙——"小寺媒体战略室（KMS）"。该线上沙龙形式上是一个"出版、编辑工作的想法、意见交换社区"，会员们在一起讨论企划案，就书籍封面设计、促销等所有出版相关的问题交换意见。当然，小野主编会将在线上沙龙获得的信息运用到本职工作中，但是沙龙的收益依然归本人所有。

也有部分上班族会瞒着公司经营线上沙龙，使用化名或戴面具出镜。一些 Youtuber 也会使用相同的方法。

或许有相当一部分运营副业型线上沙龙的上班族会计划"沙龙运营走上正轨后，就从公司辞职"。

但只要他们经营的线上沙龙能够为公司的业务带来正面影响，便很少有公司会站出来指手画脚。

我认为，今后这种形式的线上沙龙会越来越多。

3. 兴趣展示型线上沙龙

兴趣展示型线上沙龙不像授课型沙龙那样能够迅速获得收益，它是将与自己具有相同兴趣爱好的人聚在一起，互通信息。兴趣展示型线上沙龙的题材多种多样，有人开讲座讲解能够令垂钓乐趣增添百倍的小秘诀，也有人邀请前女子职业摔跤运动员前来与会员分享自己的故事。

会员们可以参加线上沙龙举办的线下交流活动，如果因某些原因未能参加，也可以通过观看直播或观看之后上传的活动视频等方式体验与同好交流的乐趣。

许多兴趣展示型线上沙龙的月会费都比较便宜。

但是沙龙的运营者可以借此销售书籍、DVD 等周边产品，逐渐在业界闯出名声之后还可以以专家的身份参加其他媒体的节目，因此，兴趣展示型线上沙龙可以说是一种推广个人人设的非常有效的手段。

4. 兴趣应援型线上沙龙

兴趣应援型线上沙龙的运营者并非是社区的领导者，而是将兴趣相同、目的一致的人聚集在一起的号召者。打出"一起搜寻美味拉面店""想要结婚的人在这里集合"等口号的线上沙龙，就属于这一种。也有一些兴趣应援型沙龙的会员全部是某位艺人的狂热粉丝，大家一起四处向大众安利自己的偶像。这一类线上沙龙数量竟意外地多。或许是现实中展现自我人设的机会越来越少，大家开始投入线上沙龙的运营中来，通过完成沙龙内分配到的任务，让别人了解到自己的存在，结交更多的朋友。

如果在运营兴趣应援型线上沙龙的过程中，能够发现自己想要做些什么，并且将自己能够提供给公众的信息总结提炼，制作成视频，就可以转而创建"商务型""副业型""兴趣展示型"线上沙龙，或是转为办事处工作人员、节目制作人等，从事幕后工作，支援那些想要运营线上沙龙的新人，增加自己的收益。

如何组建优秀的运营团队

目前几乎所有的兴趣应援型线上沙龙都只是"同好伙伴之间玩儿得热闹"，沙龙运营者个人的人设很难借此得到强化。

不过，一个非常普通的人即便建立起了人设，单纯依靠个人魅力终究还是吸引不到足够多的会员加入自己的线上沙龙。

既然如此，不如"借助大家的力量"，将线上沙龙当作媒体经营。此种方法的成功案例不在少数。

商务型线上沙龙中的"项目类"就是多人合作的典型代表，能够持续集聚人气。这类线上沙龙与学习班不同，运营者并不提供内容类视频，而是号召大家一起"启动某个项目"。堀江贵文的线上沙龙就是典型的"项目类"代表。

当然，如果"项目类"线上沙龙的运营者自己不用心经营，只依赖于其他人提案，也无法突显出自己的人设。

但是如果运营者能够坚守住项目经理的立场，如企业经营者一般引导众人，最终就能够为自己树立起一个领导者的人设。

想要成功树立起领导者人设，就需要像真正的领导者一般，认真坚持和每一位会员打招呼，邀请他们加入项目。为此，运营者必须要以经营企业的心态来思考沙龙的运营事宜。

此外，提供内容产品的线上沙龙也可以采用多人合作运营的方法，与数名专家组成团队，在团队中树立起个人的人设。

前文提到的线上沙龙"商务艺人培育大学（BTA）"，就是由大谷由里子、饭塚裕司和我三人共通运营的。

我们三个每人都有自己的职位，大谷是校长，我是教授，饭塚是教务处主任。三人职责分工明确，我与大谷负责教学内容部分，即向会员提供信息，以及制作讲义；饭塚负责管理每月入会、退会的会员和营业额。诚然，相较于一个人单打独斗，多人合作运营或许很难突显出个人的存在。

但是，由于我们三个人各自都可以招揽到客户，线上沙龙的总会员人数会多过我一个人运营时的情况，只要人设、个性不出问题，就可以令更多的人认识我、了解我。

多人运营还可以分担持续提供内容产品的压力，个人的工作量会小于独自运营时的情况，非常有利于线上沙龙的长期发展。

大家可以在线下学习班或 SNS 上邀请伙伴一起运营线上沙龙。一起运营沙龙的伙伴，首先必须要值得信赖，其次对方的人设最好能够与你自己的人设起到协同效应，发挥出 1+1>2 的效果。除多人合作运营外，还有一种"运营者 + 嘉宾"的运营模式。如果运营者自身不够出名，可以邀请各个领域的专家来做嘉宾讲师，开办线上学习班。

"运营者＋嘉宾"模式下的主角虽然是嘉宾，但运营者可以以幕后工作人员的身份出现，在会员中树立起"制作人"的人设。

无论是运营线上沙龙，还是经营电子邮件广告或博客，最重要的规则都是"选择自己能够做到的方式起步"，否则便只会半途而废。

Point：选择能够起到协同效应的伙伴一同合作。

如何创建一个"能够不断进化的人设"？

上一节提到，你需要选择一个自己能够做到的方式来运营线上沙龙，无论起步阶段的焦点是在谁身上，只要你能够在运营过程中将自己的人设推广开来，最终的主角就还是你自己。

项目型也好，多人合作运营也罢，所有人都是一字排开展现在观众面前，很难突显个人的存在。

如果你本人是线上沙龙的中心，能够依靠个人魅力持续吸引粉丝加入会员，这毫无疑问是最理想的运营形式。

不过，在这种运营形式下，内容输出是个大坎儿。除非拥有极其丰富的人生阅历和知识储备，否则普通人基本上做不到长期持续输出新内容。

如果你没有"超凡的个人魅力（Charisma）"来维系运营，很多人听上个一年时间，就听腻了。

不过还是有方法可以克服这个大坎儿。我在线上沙龙"商务艺人培育大学"中的目标，也是希望能够建立起一个可以一直深受周围人喜爱的人设，顺利开展业务，而不是一两年之后就对别人失去了吸引力。

当你思考"自己的线上沙龙能够为会员提供哪些内容"时，要注意，不要提供"阶段性"内容，而是提供"螺旋性"内容。

那么何为"阶段性"内容？何为"螺旋性"内容？假设有个人利用线上沙龙教大家画画。

通常来讲，来学习绘画的人都会给自己制定一个"我要学到能画这种画的程度"这样的目标，如果线上沙龙表明要达到那样的绘画水平需要一年，那么他就会花费一年的时间来认真学习。这样一来，线上沙龙的寿命也就只有这一年的时间。学习结束之后，说得极端一点，授课教师在会员眼中的魅力值会越来越低，直至消失。

所以教师在教课的过程中，不能只是单纯地教授"如何能够画出这样的画"，还需要不断地提示学生怎样才能够画得更上一层楼——诸如"其实在这个地方还可以这样处理""如果能够多加一些技巧画成这样，就更棒了"等。

"老师真厉害啊……"

"我也想像老师一样画得这么棒。"

只要能够令学生产生了上述想法，这位老师在学生眼中就会一直充满魅力。

而且，线上沙龙内容的输出形式还必须得是"甜甜圈形"。

举个例子，有位网友想要加入你的线上沙龙会员，于是看了

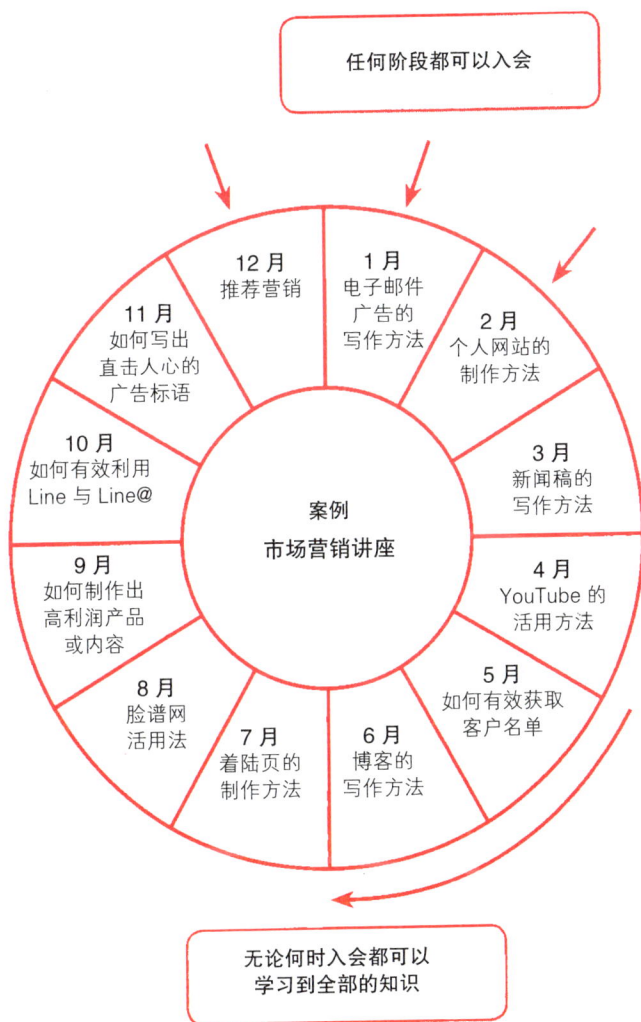

甜甜圈形内容输出法示意图

任何阶段都可以入会

无论何时入会都可以
学习到全部的知识

案例
市场营销讲座

12月
推荐营销

1月
电子邮件
广告的
写作方法

2月
个人网站的
制作方法

11月
如何写出
直击人心的
广告标语

3月
新闻稿的
写作方法

10月
如何有效利用
Line 与 Line@

4月
YouTube 的
活用方法

9月
如何制作出
高利润产品
或内容

5月
如何有效获取
客户名单

8月
脸谱网
活用法

7月
着陆页的
制作方法

6月
博客的
写作方法

线上沙龙的入会介绍。

如果介绍中注明"一年"只开放"一次"报名机会，这位网友还会不会报名呢？

要将网友的学习兴趣维持到第二年开放报名，实在是太难了。所以开设一个可以随时入会、随时学习的窗口就显得十分重要。可是开放了这样的窗口，会员之间水平参差不齐又该怎么办呢？大家难免会担心后加入的学员"会跟不上课程进度"。

所以就需要一种有效的解决办法——"甜甜圈形"内容输出法。

例如市场营销讲座的教学安排，就可以是1月教授电子邮件广告的写作方法，2月教授个人网站的制作方法，3月教授新闻稿的写作方法……

如此一来，无论是1月加入的会员，还是2月加入的会员，到了3月学习编写新闻稿时，都站在了同样的起点上。

无论会员何时加入学习，只要坚持学完一圈，就能学到全部的内容。

而且学完一圈之后，还可以螺旋上升，提高水平。

这就是甜甜圈形内容输出法。

但如果你自身能力有限，不足以教授"进阶版"的技术，又该怎么办呢？

那就边教边学，使自己"永远处在进化的过程中"。

你为自己列出了"将来的进化目标"和"学习计划"之后，也就能够为线上沙龙做出"可以持续输出的螺旋状内容"了。

如果可以做到这一点，那么主持线上沙龙的人就永远不会被他人所厌倦。

我合作运营的"商务艺人培育大学"也会常常推出新的企划，与会员们一起不断地进化。

例如，大谷由里子校长听取女性会员的意见，不断在YouTube、Instagram 上线新的活动。这些活动在 40 至 60 岁女性间拥有极高的人气，俨然成了"商务艺人培育大学"中的"女性分部"。

此外，"商务艺人培育大学"的另一个特征就是不断扩大线下聚会的区域范围。

商务艺人培育大学每月都会召开"定例会"，其实就是学习会。

定例会偶数月在东京办，奇数月在地方办。脸谱网上还会对定例会全程进行直播，无法亲自到场参加的会员可以在家中或公司自由收看。

有些会员虽然无法本人到场参加定例会，却不想放过这个难得的可以与其他会员伙伴一同学习的机会。于是他们主动聚在一起，办了一个"公众观影会（Public Viewing）"，共同收看定例会的直播。

2018 年 5 月的定例会是在名古屋举办的，当时住在关东近郊的会员有一半以上都参加了东京的公众观影会。公众观影会的会员还可以实时对主会场进行提问，气氛非常热烈。

对于公众观影会的参加者而言，和大家一起收看定例会直播是一件无比兴奋的事情，"感觉大家逐渐变成了一个大的集体""身边有一起努力的伙伴感觉非常安心"。

而这种兴奋感也会转变为沙龙运营者自身魅力的一部分。

举一个线上沙龙之外的例子，职场沟通专家中村 Andy 老师创立了一个学习班，叫作"每月一次做点儿啥"。

如果只是普普通通"随便做点儿什么"，是吸引不到学生的。Andy（安迪）老师学习班的主题其实是"请教我应该做点儿啥！"内容也都非常精彩，每一次学习班都会邀请特别来宾，还会专门针对"暖场"讲一段"暖场金句 30 句"，而这"暖场"可谓是演讲时抓住听众耳朵的关键一项。

因此，虽然"每月一次做点儿啥"并不会提前公布具体的学习内容，但依然场场爆满。听众们都知道："Andy 老师的学习班一定能学到真东西，参加不亏。"

然而即便是人气如此之高的 Andy 老师，刚起步时也曾召集不到听众，只能独自在空无一人的会议室念叨着准备好的段子。但他没有放弃，依然意志坚定地继续招揽听众——"既然已经决定了，我就得做下去……"

功夫不负有心人，大家都愿意支持这种"每一月、每一年都以肉眼可见的速度不断进化的人"，也会感受到他们人设的魅力。这便是所谓的"坚持就是力量"。

Point：创建螺旋形线上沙龙，你自己也要不断进化。

学习成功案例

线上沙龙与 SNS 或 YouTube 不同，它是实打实的生意。

SNS、YouTube 上的视频原则上是免费的。

视频上传者的粉丝数与视频播放量再高，也无法直接转化为他个人的收入。他们单纯依靠这些视频无法维持生计，所以只能在视频中插入广告，零零散散赚一些广告费。

而线上沙龙与学习班一样，每个月都会向会员收取会费，运营者可以实实在在地从中获得收益。如果运营者能够依靠线上沙龙的收益维持生计，就真正做到了"利用人设实现经济独立"。

但要做到这一步并不容易。正如第二章所述，尤其是销售无形的服务时，"客户若是不能感受到自己获得了原价格 3 倍以上的价值，是不会满意的"。

假设你运营了一个月会费 1 万日元的线上沙龙，那么就必须要向每一位会员提供至少 3 万日元的价值，否则大家就会渐渐离开。

但是很多运营者甚至连几千日元的价值都无法提供给会员，所以实际上有一大批的线上沙龙都是在不停地开了关、关了再开。

因"魔力提问①"名声大噪的松田充弘可以算得上是线上沙龙领域的成功人士。松田充弘大约从六年前开始运营线上沙龙，虽然每月的会费高达 9800 日元，会员人数依然超过了 400 人。

他的线上沙龙配备有众多指导教练，内容也是丰富多彩，所以才能拥有如此高的人气。会员交费入会之后，可以在线上沙龙内获得高于会费的价值。

如上所述，如果你想要开始运营线上沙龙，就必须清清楚楚地告知粉丝，加入会员之后可以获得哪些好处。

首先要告知粉丝的，就是你自己扮演的人设今后会有怎样的变化。即，1 年后、5 年后、10 年后的"我"会变成一个什么样的人？

其次还需要表明，"我"今后会向与自己有关的人提供些什么。即与"我"产生关联之后，5 年后、10 年后的"你"可以变成一个什么样的人？

能否清楚明白地告知公众以上两点，对于通过线上沙龙树立自己的人设而言尤为关键。

表明加入会员的好处之后，还可以对线上沙龙内的课程进行分级，从广而浅的"初学者课程"到更加精深的"进阶者课程"。

---

① 魔力提问，日本提问专家松田充弘提出的概念，指通过提问激发出被提问者的干劲与潜能。——译者注

由于线上沙龙的运营方法多种多样，因此大家在实际运营之前可以调研"成功的线上沙龙运营者采用的是哪一种运营方式"，也可以亲自加入一家成功的线上沙龙体验一番。

这和电视节目是一样的，如果不了解这种媒体的特征，就没办法寻找到一种适合自己人设的、有效的推销方法。

Point：为了学习成功事例，
可以加入一家你想要深入了解的线上沙龙。

网络交际更要重视"线下交流"

现在的线上沙龙业界，有 15%～20% 的会员在入会后三个月内会办理退会。

就运营方的立场而言，会员退会的确会令人感到挫败又寂寞。

但这是自然法则，人力无法改变。

从整个社会来看，愿意加入线上沙龙会员的人现在仍然是少数派。

现实中，很多人会同时加入数个线上沙龙，觉得"这个有趣"，就加会员体验一番。但由于时间或经济上的限制，他们无法长时间兼顾多个线上沙龙，觉得"有趣"便加入会员，而一旦感到沙龙内容"不合口味"，就会立即退会。

实际上，会员中只有约一半的人会积极地参与活动和交流。剩下的一半人只是收看线上沙龙内上传的各种活动视频，你不需要特别执着于他们是否会退会。

强行阻止这类会员退会，只会带来新的问题。

因此，如果想要扩大线上沙龙的规模，只能定期且持续地开发新会员，新会员的人数要超过退会会员的人数。

不过，我们还是得想方设法地留住会员，尽可能不让他们退会。

其中一种方法就是"增加线下碰头的机会"。

实际上，很多线下沙龙都很重视线下聚会。

"樱井的一切"是我担任制作人的线上沙龙之一。它是一个学习型沙龙，会员可以向出版界"传奇总编辑"、KIZUNA 出版社社长樱井秀勳老师学习金钱、人脉、人生哲学、文笔、企划能力等各种行业技巧与文化修养。

该线上沙龙每月都会举办一次线下学习班，由樱井老师亲自授课，共 30 个名额。报名的消息会刊登在会员专用页面，每次都是瞬间报满。

为求公平，线上沙龙还专门为学习班报名设定了"两条规则"。

第一条规则是，在开放报名的前一天会进行预告，提醒大家"明天要报名啦"。

第二条规则是，报名开始的时间统一定为"深夜 12 点"。

如果报名时间是在白天，那么上班族申请起来就很不方便。如果时间定在清晨或傍晚，做家务的人又很难及时去查看电脑。所以取了参加者的最大公约数，定了"深夜 12 点开始报名"。

最初，我也认为"应该没有人会在深夜 12 点特意来报名"，然而却被现实狠狠打脸。第一次报名时，深夜 12 点开始后仅十分钟，报名人数就达到了总名额的六成。

事后有些会员告诉我："我特别想参加这次的学习班，害怕名额满了报不上，所以从报名开始前五分钟就在电脑前正襟危坐，准备抢名额！"

时至今日，大家依然狂热如初。对于"樱井的一切"的会员而言，报名参加樱井老师的线下学习班已经成了每月一次的固定活动。参加者为何对于每月一次的线下学习班如此着迷？因为在线下学习班，可以见到樱井老师和一起学习的同伴，参加者希望通过向老师提问、与同伴交流等行为，来刺激自己的线上的交流，令线上交流更加活跃。

用脸谱网上的互动来解释会更容易理解。

在脸谱网上留下评论，或是直接发来邮件的人中，更多的是你在生活中认识的人，而不是未曾谋面过的陌生人。

如果想要令更多的人了解你的人设，就需要线上线下两手抓。只在网络上扮演人设，与在现实生活中扮演人设，效果是完全不同的。线下交流或许与"使用媒体"的观点正相反，形式没有定规，脱口秀、学习会，或者是单纯的聚会、交流会都可以。有些线上沙龙还会组织会员一起到国外团建。

会员们脱离网络、直接见面接触的机会自然是越多越好。

Point：增加会员间直接见面接触的机会。

细心关怀那些"即将下滑至毫无兴趣层的会员"

但是也有一些人，可以接受"线上"交流，却厌恶在现实中碰面。

还有一些人由于住处较远，总是无法参加线下的聚会。

在线下见过面的人之间的交流越是活跃，这些未参加线下活动的人就会越无法融入进去，还会越发担心自己是否会被大家孤立。

为了避免这类现象的发生，你只能有意识地主动去和这类令人产生距离感的会员进行交流。

例如，举办脱口秀或学习班时，也在网上进行直播，线下会场可以即时看到直播时的弹幕评论。线下会场如果可以对这些直播中的评论给予回应，网络对面的参与者便会产生一种自己也置身于现场的感觉。

最近，除了网络直播之外，电视节目也开始使用这种互动方法。

NHK 电视台工作日的晚间新闻节目 *NEWS CHECK 11*（《新闻夜查 11》）在播出时，新闻画面下方就会滚动播放节目观众在推特上发表的评论。

为了令参加欲望低下的人也能毫无顾忌地参加线下活动，大家可以进行"问卷调查"。

这就相当于在线上询问对方的意见。

问卷上包括"你赞成哪一种方案？""你对此有何意见？"等问题，提前制作好问卷页面，确保任何人都可以随时回答、提交。

收到问卷之后，要回复对方"这条意见真有趣"，或是询问对方"你为什么会这样想"，借此告知对方你对他的关心。

虽然方法简单，但对于提高对方的参加意识竟意外地有效。

它的原理其实就是一种团队管理方法——"2：6：2 法则"。

"2：6：2 法则"常常用来进行组织的管理，一个组织中有二成优秀人才，六成普通人，剩下二成的人基本上什么都不干。

实际上，在会员制的沙龙中，"2：6：2 法则"依然成立。

积极加入沙龙的会员占二成，对沙龙没什么兴趣的会员占二成。剩下的六成会员是一时兴起加入沙龙的，对沙龙的活动既不是毫无兴趣，也不会积极参与，属于"普通人"。

如何拉动这六成的会员靠近那二成积极的会员，是成功的关键。

我将线上沙龙内的会员类型结构进一步划分成了"2：3：3：2"四个阶层。

即六成的普通人被分成了两部分：一部分是容易马上向上走，变成"积极层"，另一部分是容易立即向下滑，变为"毫无兴趣层"。因此，如何将"兴趣程度较高"的那三成会员推到"积极层"中，就变成了线上沙龙成功的关键。

对于"兴趣程度较高"的会员，要单独给予关注与帮助。

于是，积极参与活动的会员就会达到整体的一半，整个沙龙也充满了活力与气势。兴趣程度较低的那三成会员在这种气氛中，也会受到感染，上升至兴趣程度较高的那一层。

如此一来，线上沙龙的规模扩大起来会更加容易，在沙龙内实施新项目也会更加顺利。

剩下的那二成毫无兴趣层的会员，已经错过了最佳的改善时机，不过对于仍然处于"不上不下"阶段的普通会员，还是可以依靠你的人设拉上一把，将他们拉到积极参加沙龙活动的阶层中来。

Point：通过一对一关注、帮助与问卷调查等活动，为会员营造更易于参加活动的沙龙环境。

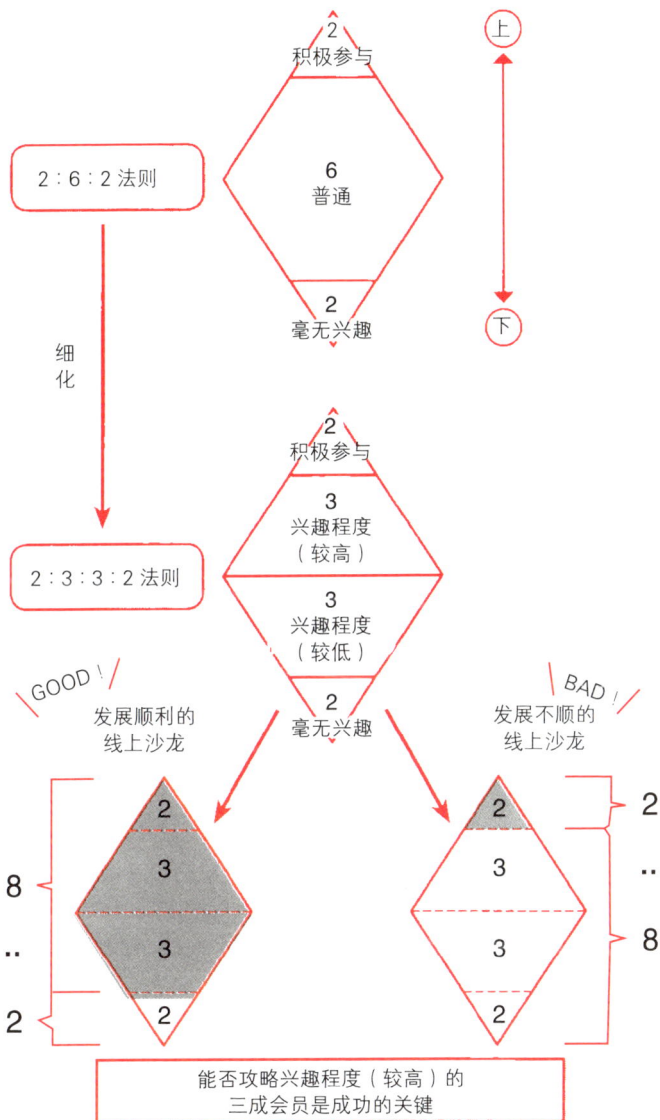

2：6：2 法则

```
         △ 2
        积极参与

    ⬡
        6
       普通

         ▽ 2
        毫无兴趣
```

上 ⇅ 下

2：6：2 法则

细化

⬇

2：3：3：2 法则

```
         △ 2
        积极参与

         3
       兴趣程度
       （较高）

         3
       兴趣程度
       （较低）

         ▽ 2
        毫无兴趣
```

GOOD！
发展顺利的
线上沙龙

BAD！
发展不顺的
线上沙龙

```
   2
   3
   3
   2
```
8 .. 2

```
   2
   3
   3
   2
```
2 .. 8

能否攻略兴趣程度（较高）的
三成会员是成功的关键

熟练运用所有的媒体

另一个增添线上沙龙吸引力的方法就是综合利用各种媒体，实现"自我媒体化"。正如本书前文所述，想要获得生意上的成功，重要的是要灵活运用所有的媒体，在大众心中为自己树立一个人设。而线上沙龙只不过是一种增加个人收入的手段。以下三阶段发展模式能够帮助你推广人设，令你的人设更容易为大众所了解。

"A 阶段 = 大范围告知"

"B 阶段 = 组建社区，向商业模式过渡"

"C 阶段 = 与客户建立密切的联系，扩大商业规模"

线上沙龙正是属于"B 阶段"。它就宛如是你个人的粉丝圈，是一个能够帮助你固定人设的社区。由于线上沙龙的运营模式是"会员数 × 月会费＝销售额"，即便规模再小，只要能够坚持下去，就是一门实实在在的"生意"。

广义上的"媒体"属于"A 阶段"，A 阶段的目的是为 B 阶段的线上沙龙召集会员。

"视频"能够有效地为线上沙龙招揽到客户。

例如，可以将线上沙龙内提供给会员的脱口秀视频截取一段"高潮"部分上传到视频网站。或者制作一些宣传视频、精彩内容集锦视频放到网上。还可以在 YouTube 或脸谱网等网站进行直播。这些都是可以帮助你将自己的人设告知大众的媒体，可以将对你产生兴趣的人引导至社区内。

到了"C 阶段"，就需要进行一对一的咨询，或是组织学习班、研讨会。如果将 A、B、C 三个阶段看作一个商业模型，C 阶段就是最终的折中方案。

我再多说几句，电视等大众传媒属于"A 阶段之前的阶段"，通过它们的宣传介绍，会有一部分观众开始知晓有你这样一个人，是这样一种人设。之后，你就可以借着大众传媒的东风进入 A 阶段，利用 SNS、电子邮件广告等方式，"增加潜在客户名单"。接着将这份名单慢慢升级为关系更为密切的社区，将潜在客户变为真正的客户。——这也是一种发展模式。

总之，任何人都可以仅依靠现有的媒体开展一次复合型的"自我营销"。

媒体运用得越熟练，成功的可能性就越高。人设越明确，为拓展商业规模所花费的时间和精力就越少。

所以说，在现代社会，"树立人设"是一件非常重要的事情。成功树立人设的人，在生活和工作中都会充满乐趣。

Point：人设就是一切！

商业模型阶梯形示意图

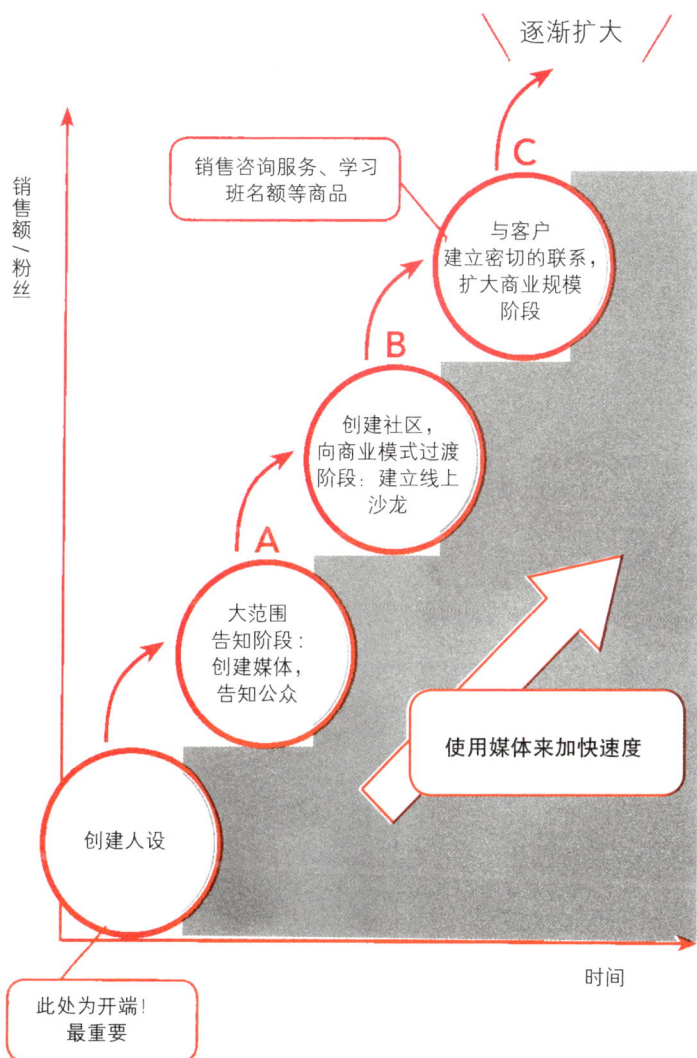

逐渐扩大

销售额／粉丝

销售咨询服务、学习班名额等商品

C 与客户建立密切的联系，扩大商业规模阶段

B 创建社区，向商业模式过渡阶段：建立线上沙龙

A 大范围告知阶段：创建媒体，告知公众

创建人设

使用媒体来加快速度

时间

此处为开端！最重要

利用人设抓住机遇！

"大内先生——！"

我正走在 JR 船桥站的 3 号站台上，身后突然传来了女性的呼喊声。回头一看，只见对方是一位长发白裙的漂亮女士。

"咦？我以前见过她吗？""她是不是来参加了我的学习会，和我交换过名片？""还是我对她做过什么不好的事情？"……我心中闪过无数个疑问，却依然想不起对方是谁。

想不起来是肯定的，因为我之前根本没有见过她。

但是她为什么要喊我呢？

原来，她一直都在脸谱网上看我的文章。

但是从来没有给我点过赞或是留下过评论。

我不止一次遇到过类似的事情。只今年就遇到了 7 次陌生人向我搭话聊天的情况。而且对方都对我的事情非常了解——"您上次在京都吃的拉面，看上去味道不错啊""出了交通事故可受大罪了吧"等。虽然我不认识他们，但他们却认识我。这就是媒体的力量。

毫不夸张地说，我们当前正生活在一个"人人皆媒体"的社会。

如果我们将自己吃了什么、和谁见了面、去了哪些地方上传到互联网，那么任何人都可以知道这些信息。也就是说，只要认真去调查，无论多么隐私的信息都可以拿到手。因此，我们在公开信息时，必须要清楚地意识到，这些信息可能会在任何地方被任何人看到。

但是另一方面，这也是一个能够令更多人认识我们的大好机会。从前只有艺人和名人才能够受到大众的关注，而现在普通人也可以吸引很多人的目光。

最近一款叫作 TikTok[1] 的 Lip-Synching 视频 App 在初高中学生之间非常流行。

Lip-Synching 就是对口型。TikTok 是一个短视频社区，用户在音乐伴奏下进行表演，展现自己可爱、帅气或是搞笑的一面。

由于拍摄的时长不能超过 15 秒，所以那些使用起来很方便的歌曲和视频会迅速传播开来。

TikTok 视频分享方便，看到视频的用户自己也会想要模仿并

---

① 即抖音短视频国际版。——译者注

上传，因为 TikTok 的这些效果，艺人以及初高中学生追捧的网红全都开始利用 TikTok 拍摄短视频。与我一同出演电视节目的一位女性 YouTuber，利用 TikTok 视频为自己的 YouTube 频道招揽粉丝，一个月涨粉超过了 5000 人。

这是一个新媒体接连诞生的时代，抢先赶上这股潮流的人，就能够抓住机遇。而能否赶上潮流、抓住这一机遇，与我们的人设密切相关。

你是否已经做好心理准备，将尚未公开的人设展现在世人面前？

如果有读者在读了本书之后，拿起了独一无二的人设武器，灵活运用各种媒体，逐步扩大了生意规模，我将感到非常开心。

2017 年 3 月 18 日，我戴上了一顶红帽子。自那天起，我的人生发生了翻天覆地的变化。

我克服了种种困难走到今天，可以自信地告诉这个世界：人设就是一切。

媒体活用研究所负责人　大内优

2018 年 9 月

图书在版编目（CIP）数据

你的影响力可以设计：个人品牌的构建、经营和变
现 /（日）大内优著；谷文诗译 . -- 北京：九州出版
社 , 2021.10

ISBN 978-7-5225-0423-0

Ⅰ . ①你… Ⅱ . ①大… ②谷… Ⅲ . ①人物形象—设
计 Ⅳ . ① B834.3

中国版本图书馆 CIP 数据核字 (2021) 第 167906 号

著作权合同登记号：图字 01-2020-4685

你的影响力可以设计：个人品牌的构建、经营和变现

作　　者	〔口〕大内优 著　　谷文诗 译
责任编辑	王 佶　周 春
出版发行	九州出版社
地　　址	北京市西城区阜外大街甲 35 号 (100037)
发行电话	（010）68992190/3/5/6
网　　址	www.jiuzhoupress.com
印　　刷	华睿林（天津）印刷有限公司
开　　本	889 毫米 × 1194 毫米　32 开
印　　张	6.25
字　　数	70 千字
版　　次	2021 年 10 月第 1 版
印　　次	2021 年 10 月第 1 次印刷
书　　号	ISBN 978-7-5225-0423-0
定　　价	42.00 元